THiNKr

新思

新一代人的思想

海洋文明小史

Histoires de la mer

Jacques Attali

[法] 雅克·阿塔利——著　　王存苗——译

中信出版集团 | 北京

图书在版编目（CIP）数据

海洋文明小史 /（法）雅克 · 阿塔利著；王存苗译
. -- 北京：中信出版社，2020.4
ISBN 978-7-5217-1306-0

Ⅰ. ①海… Ⅱ. ①雅… ②王… Ⅲ. ①海洋－文化史
－研究－世界 Ⅳ. ① P7-091

中国版本图书馆 CIP 数据核字（2019）第 278816 号

海洋文明小史

著　　者：[法] 雅克 · 阿塔利
译　　者：王存苗
出版发行：中信出版集团股份有限公司
（北京市朝阳区惠新东街甲 4 号富盛大厦 2 座　邮编　100029）
承 印 者：北京盛通印刷股份有限公司

开　　本：787mm × 1092mm　1/32　　印　　张：12　　字　　数：153 千字
版　　次：2020 年 4 月第 1 版　　印　　次：2020 年 4 月第 1 次印刷
京权图字：01-2019-4386　　广告经营许可证：京朝工商广字第 8087 号
书　　号：ISBN 978-7-5217-1306-0
定　　价：68.00 元

献给亚伦和西蒙

大海被忽视了，这似乎暗示了另一个世界的挑战：倘若历史的次序可以颠倒，海洋就可以取代天空的形而上地位。

——卡迈勒·达乌德

目 录

引言

海洋，是所有财富的汇集之处，也是一切希望的聚集之所。人类已经开始毁灭海洋，人类也可能会被海洋毁灭。

海洋，就是我们这个时代的关键性课题。然而，它却并未受到重视。

尽管人们在海洋课题的方方面面都做了大量研究，但据我所知，鲜有综合性专著能够以海洋史为主题，从其诞生一直讲述到未来。而关于人类的历史也大都没有充分强调海洋在宗教与文化、科技与企业、民族与帝国发展中的决定性作用。我们很少以海洋为视角来讲述人类历史，而这种视角却尤为重要。

海洋离我们的日常生活很遥远，至少看似如此，因为几乎没有人生活在大海里。海洋遭受的威胁，也是我们难以察觉的；它的未来神秘莫测、不可捉摸。我们对它的探索也不够深入，人类更多地将探索足迹延伸到宇宙空间，而非海洋深处。

我们不了解海洋，敬畏之心便也无从谈起。我们掠夺海洋，污染海洋，甚至毁灭海洋，而我们自己也终将一同灭亡。

为什么会走到如此地步？部分原因或许是水母、海龟、鲨鱼这些海洋生物没有表决权，它们不会游行示威，也不会发动政变。

然而……

地球表面的 71% 由海水覆盖，覆盖总面积多达 3.61 亿平方千米。海洋中的水量有 13.3 亿立方千米，同等容量的立方体边长就有 1 000 多千米。海洋是地球上大部分生物的栖息地。它对生命而言不可或缺：所有生物基本上都是由水组成的，尤其是人类。人体约 70% 都由水组成，在生命的最初 9 个月中都处于母亲腹内的液体环境里，且人体血浆的成分与海水成分非常接近。人类饮用的淡水需要通过海洋与陆地间的水循环才能保证持续供应，呼吸的氧气有一半都由海洋提供，摄入的动物蛋白也有五分之一来自海洋。海洋也在调节着气候：没有海水，气温至少会升高 35℃。

通俗地说，自古以来，经济、政治、军事、社会及文化上的权力都属于那些善于掌控海洋与港口的人。那些极大改变了人类社会面貌的技术革新，大多都是在海上或是为航海而诞生的。几千年来，思想的传播、商品的流通、竞争与社会分工的形成均得益于海上交通。如今，海洋依然是超过90% 的商品、数据与信息交流的中转站。未来，更是如此。

对于权力而言，海洋同样至关重要：昔日的众多帝国正是由于牢牢控制了海洋，从而能够登上野心之巅；而当它们失去对海洋的掌控时，帝国便开始衰落。所有的战争（几乎没有例外）都是在海上决定胜负。意识形态上的每一次巨变，也都是通过海洋得以实现。我们也应该从这个角度来解读地缘政治。

或许，与其说是宗教差异，不如说是水手与农民之间的差异将人们区分为两类：一类人善于开创商业世界、建立民主制度，另一类人不擅长，或许也无意从海洋中汲取财富与自由。这就解释了（甚至比托克维尔、韦伯或是马克思等任何理论家解释得更清楚）为什么历史上的胜利者，无论是佛兰德、热那亚、威尼斯的天主教徒，还是荷兰、英国、美国的新教徒，都是沿海人；而败者，无论是法国、俄国的天主教徒还是德国的新教徒，都是内陆人。

未来，那些实力最为雄厚的超级大国，依然会是借助并得益于海洋而崛起的。

我们必须明确海洋的重要性，尤其是因为我们已经知道它在人类的生存环境中起到最基本的生态调节作用。我们理应竭尽全力保护它。

然而，现实却截然不同。海洋的情形每况愈下：与5万年前以采集为生、无忧无虑的原始人相比，现代人的行为要糟糕得多。鱼类资源遭到破坏，海洋中比例惊人的废弃物也在不断累积。海水的温度在升高，海平面亦是如此。氧气在消失，生命也在逐渐消逝。

如今聚集着世界上三分之二人口的沿海地区，其中大部分地带未来都将不再适宜人类居住；海洋中的生命将越来越难以存活；在没有平衡机制出现的情况下，一些物种会加速消亡。

你能想象得出一个孩子明知毒死母亲后自己也难逃一死，却仍旧持续给母亲下毒吗？这是多么荒唐，却正是人类如今的所作所为：人类是海的女儿，海赋予她生命，哺育她成长，可她却拼命要杀死母亲，并且必会在毁灭海洋之前自行灭亡。

我们能做什么呢？其实可以做的事还有很多。

第一件可行之事，就是讲述海洋的历史。从宇宙诞生之初讲述到今天，以便人们了解它在人类历史长河中和生命延续过程中所发挥的重要作用。海洋史中，令人惊叹之处层见叠出。鉴于一切都在海上见分晓，海洋史与海洋视角下的人类历史紧密相连。而这两部历史中的一个，完全有能力终结另外一个。

一个满载着希望，向全人类发出呼救信号的海上漂流瓶，即为本书创作初心的真实写照。只有我们人类，才能够真正拯救自己。

而法国呢？它毕竟拥有世界第二大面积的领海，在这部海洋史中将会扮演一个特殊的角色。它曾经有八次机会可以发展海洋霸权，从而占据地缘优势，可每次都以失败告终。

法国错失良机，把主宰世界的机会一次次地让给了威尼斯人、佛拉芒人、热那亚人、荷兰人、英国人和美国人。

人们对这一切知之甚少，传统意义上的法兰西历史也从未提及海洋在我们的语言、文化、胜利乃至失败的历史中所起的作用。

今天，法兰西依然有条件以海上大国的身份傲立于世：从地缘政治角度上看，它的海岸拥有绝佳的地理位置；它的深水港在世界贸易中具有更高的战略地位；它还拥有一流的企业和尖端的研究人才。

海洋与陆地并不是敌对关系。相反，海洋及其长期以来的价值，必须依赖一种原生态、非工业化、透明且接近消费者的农业。在这方面，法国同样可以达到世界一流水平。

从更广阔的角度来说，海洋是人类身份的一面镜子。它是自然遗产的一个基本元素，我们仅仅是这份遗产的租用者而已。若要拯救海洋，人类必须彻底改变诸多领域的发展模式，其中甚至包括那些看起来与海洋并不相关的领域。

于是，我斗胆尝试写下一部新的“全球史”，这部历史考察了漫长的时间跨度和广阔的空间跨度，正如我在音乐、医学、教育、时间、所有权、游牧生活、乌托邦、意识形态、犹太教、现代性、爱、预言等其他主题上做过的尝试一样。

某些细分领域的专家学者，一直以来对这类“全球史”嗤之以鼻。而我热衷于此数十年，因此也备受指责。今天，这类研究的地位终于得到了应有的承认。人们开始接受这样一个观点：只有站在一定的高度，并且发散视角，才能探寻到历史与自然最神秘的原动力。

很久以来，海洋、主宰经济的海港、决定民族命运的海战、横渡大洋的旷世之举、轮船、水手、海上游牧民族，还有那丈量时光的小小沙漏，都令我兴致盎然。

这由来已久的兴趣，大抵根植于我的出生地——海港，那里灯火辉煌、气味交织、车船喧嚣，一切都令人无法忘怀。

我通过海量阅读以及与专家的访谈，广泛地汲取灵感。所阅文献列于书末（其中，“海洋仙子”项目是新近的佳例）。这些令我欢欣鼓舞的访谈持续了数十载。受访者们，尤其是弗朗西斯·阿尔巴黑德（Francis Albarède）、克洛德·阿莱格尔（Claude Allègre）、埃里克·贝朗杰（Éric Béranger）、费尔南·布罗代尔（Fernand Braudel）、马克·乔希东（Marc Chaussidon）、丹尼尔·科恩（Daniel Cohen）、万森·库尔提欧（Vincent Courtillot）、雅克-伊夫·库斯托（Jacques-Yves Cousteau）船长及其子女黛安娜（Diane）与皮埃尔-伊夫（Pierre-Yves）、莫德·芬特诺伊（Maud Fontenoy）、史蒂芬·伊斯拉尔（Stéphane Israël）、奥利弗·德·克尔苏松（Olivier de Kersauson）、艾瑞克·欧森纳（Erik Orsenna）、弗朗西斯·瓦拉（Francis Vallat）和保罗·沃森（Paul Watson）、帕斯卡尔·匹克（Pascal Picq）和米歇尔·赛尔（Michel Serres）都是海洋这一课题所涉及的诸多领域中最杰出的专家。他们当中有好几位业已辞世，还有一部分人曾表示非常乐意审阅本书的部分章节并给出详细的评论意见。

我在这里衷心地感谢他们，而他们无须对我的工作成果担负哪怕是最小的责任。

1

宇宙、水和生命

（130 亿年前至 7 亿年前）

海洋是自然界最大的水库。可以说，地球以海洋为起点，而谁又能知晓它会不会也以此为终点！

——儒勒·凡尔纳，《海底两万里》

海洋在宇宙空间的一个小球上——也就是我们所说的地球上——存在着，并长久地存在着。这是个奇迹，一个难得的奇迹。今天，想要明白海洋是什么，首先要将注意力放在它的起源上，即放在这个奇迹上。为此，我们要追溯到宇宙的诞生，惊叹于环境那超乎想象的推动力，正是这股力量创造出了水。我们要探寻在过去或现在，宇宙中哪些地方可能有水的存在。我们还要考察水如何出现在了地球上，如何在这个星球上形成了海洋，以及生命如何诞生。

没有水，就没有生命。水是生命的载体。

开篇第一章将呈现从过去延续至未来，超越历史的进化传奇。这些内容对于缺乏相关背景知识的读者而言可能有些深奥，但请不必担心，即便跳过此章，也不会影响后文的阅读。

宇宙与水的诞生

137 亿年前发生了“宇宙大爆炸”，人们在理论上一贯认为这标志着宇宙的开端，而宇宙立即就开始膨胀。大爆炸后，在以毫秒计的短暂时间中，物质的温度超过 10 亿摄氏度，释放出充足的能量，形成了第一批原子；首先形成的原子来自最轻的化学元素——氢，和我们今天的氢原子完全相同。然后，接连出现了其他元素的原子（氘和氦）。

这些气团随后开始膨胀，继而充分冷却并互相结合，形成一些更重的原子核。于是，碳、氧和氮陆续出现。

这些原子形成的气团通过汇集气体与宇宙尘埃形成大质量恒星（演化到后期成为“红巨星”）。大质量恒星继而组成星系，数以亿计的恒星运行于数以亿计的星系之中。

宇宙大爆炸之后的 5 亿至 10 亿年间，某些大质量恒星开始爆炸，向星际释放其所含的氧，氧与氢发生化合反应，形成了最初的水分子。

水分子有许多特性：它能随环境温度和压力的变化而呈现出固、液、气三种状态。其他元素的分子可以在水分子中移动，移动速度比在气体中慢，比在固体中快。水分子很容易附着在其他分子上，能使其他分子中不同原子间的键断裂。它能与其他分子间保持多种不同的键，能发挥酸和碱的作用，还是常用的溶剂。水能在宇宙史和生命史中发挥重要作用，都得益于这些独一无二的优势。

太阳系的诞生与各星球上水的出现

准确地说，45.67 亿年前，宇宙仍在不断膨胀。在一个中央最热点的强热作用下，位于宇宙一隅的一团气体尘埃云（分子云）发生了坍缩，太阳系由此诞生。

我们确切地知道，这团分子云中有水分子，它以固态存在。这团分子云就是茫茫宇宙中唯一被证实的有水之处。为什么那里会有水？这是个谜。但总而言之，正是因为水在那个时候出现在那里，才有了今天的我们。

根据当今主流的假说，水以固态到达这团分子云后直接转变成气态，并受到固态尘埃的束缚。这些宇宙尘埃不断聚集成微行星，继而成为原行星，最后经过接连不断的相撞形

木星云

图中是美国卫星“朱诺号”在2017年10月24日拍摄到的木星云照片。木星表面有着浓厚多云的大气层，运动错综复杂。一般科学家认为木星大气下的表层物质都是液态分子氢

成行星，围绕太阳这颗中央恒星在各自的轨道上运行。近45.6亿年前，第一颗行星诞生了，它后来被人们命名为木星。

支撑该假说的依据是太阳系的多个行星上都有气态或固态的水存在：首先，在水星表面，有极少量的冰，且该星球大气中有近1%是水蒸气；其次，火星表面也曾经有过液态水以及类似于地球上海洋的水体，但后来都消失了，其中原因也无人知晓，而火星两极地区如今依然存在大量的冰；最后，在木星的某些卫星上，目前存在固态的水，如木卫二（可能有海洋存在，深度90千米）、木卫三和木卫四（其表面可能也存在液态水）。

太阳系形成的过程中，可能有一部分水从分子云中溢出，落至其他星系。它们和到达地球上的水或许有着同样的经历。

地球上水的出现

地球诞生于太阳系形成后的3 000万年至5 000万年间，距今约45.3亿年。它的轨道从一开始就位于一个理想的位置，即介于太阳光照特别强的星球（水星和金星）与特别弱的星球（从木星到海王星）之间。[1]

---

[1] 本段内容广泛地受到与弗朗西斯·阿尔巴黑德和马克·乔希东多次交谈的启发。——原注

起初，地球被炽热的岩浆覆盖，随后地表逐渐冷却，形成了最初的岩石圈；地球被氖和氩组成的大气包裹，接着，氮进入了大气，而后是甲烷和氨。

水是如何出现在地球这个特殊星球上的，人们至今还无法确定。

或许事情经过是这样的：距今45.3亿年到44.6亿年，地球在形成后不久便与一颗含水的原行星发生了碰撞，这颗原行星与地球分离后就变成了月球。相撞的结果就是大气在地球周围稳定了下来。气体分子（含水分子）在地球引力的作用下形成了大气层，位于距地表100千米的高空分界线（被称作卡门线）之内。

距今44.4亿年至43亿年间，介于木星运行轨道与火星轨道之间的其他含水小行星，有一部分落至木星，另一部分落至地球。能支撑这个假说的事实就是，人们在澳大利亚西部地区发现了锆石（即使岩石发生变化，这种矿物也几乎不会变质），它显示出44.5亿年前的液态水痕迹。

海洋的形成与生命最初的正反馈效应

近44.4亿年前，地球大气中的水蒸气不断聚集，直至形成液态水落至地面，积聚成最初的海洋。火山喷发出的二氧化碳、硫酸盐和氯化物溶解于海水中。其他离子，包括钠离子、钙离子和镁离子，也随着岩石受到侵蚀作用而溶入大海。盐，就这样产生了。人们同样也发现了39亿年前海洋中形成的沉积物。这些沉积物后来就形成了沙。

类似潮汐的现象可能也在那时首次出现在地球上，其原理可以由地球的自转和周围天体的引力来解释。

最后，生命诞生了。在水里诞生，也可能因水而诞生。41亿年至38亿年前，最初的生物，即单细胞生物中的原核生物（没有细胞核）出现在海洋中。为了解释生命的出现，人们提出了两种假说：生命，或来自宇宙空间，或形成于地球之上。

第一种假说认为生命源自地球之外的地方，指出最初的生物可能来自撞击地球的陨石和彗星中所含的氨基酸（人们在“罗塞塔号”探测器观测到的楚利彗星[1]上就发现了氨基酸）。然而，这些氨基酸分散到广阔的海洋中，彼此间不太可能发生足够的化学反应从而带来生命的诞生。

于是人们更倾向于另一种假说，即生命诞生于地球的海底：热量，结合海底的极端高压，可能促使氨基酸分了出现；紧接着，水使一部分氨基酸分子间的链断裂开来，由此加速了神秘的化学反应，生命（携带特定DNA的实体）便这样出

[1] 该彗星全名为67P/楚留莫夫-格拉希门克（67P/Churyumov-Gerasimenko），简称“楚利”（Chury）。——编者注

现了。米勒–尤列实验（于 1953 年进行，将甲烷、氨、氢气与水混合在一起，模拟地球的原始状态）比较令人信服。但从氨基酸分子出现到其转变成生命体的这一过程，在科学上还完全是个谜。人们唯一能确定的是，水在这一过程中起了作用。

大约 38 亿年前，一部分最早形成的海洋生命体，在太阳光热作用下，进化成新的生命体：蓝细菌（通常称之为“蓝藻”，仍然只是单细胞原核生物）。它们虽然还是单细胞生物，但结构已经开始变得复杂起来。它们通过最初的光合作用制造出葡萄糖，自给自足，同时也制造氧气和臭氧。这两种气体从水中释放出来，起到了保护大气的作用。生命，就是这样通过正反馈循环的方式，不断改善生存条件。这一切，始终都在水中进行。

而这可不是最后一次：从单细胞生物直至人类，生命的复杂化（我们接下来会讲到）就是诸多正反馈循环共同作用的结果。在这些循环中，水和海洋始终起着决定性作用。

这些单细胞生物中，最古老的距今至少有 37.7 亿年，是人们在魁北克哈得孙湾东海岸的努夫亚吉图克绿岩带中发现的。它们是丝管状生物，很可能由一些单个细胞组合而成。人们又在格陵兰岛发现了属于沉积层的叠层岩，它有 37 亿年的历史，并且有可能是这类丝管状生物新陈代谢的产物，但这些生命体并没有留下直接的痕迹。人们还在澳大利亚西部发现了一些其他生物的尸骸，距今34.6亿年。某些单细胞微生物（包括线虫类和缓步类动物）一直存活至今。它们在无水的环境中可以休眠数千年，只要一接触到水，就又能活跃起来。水，就是生存的条件。

多细胞生命与超大陆

自27亿年前起，蓝细菌形成的沉积层（叠层岩）将二氧化碳固结其中，给海洋带来了营养物质，蓝细菌也得以通过光合作用制造大量氧气，释放至大气中。

25亿年前，在太阳紫外线的辐射作用下，一部分氧气转化为臭氧，它们保护着地球免受紫外线的侵害。就这样，正反馈循环不断进行，生命的存活条件也随之不断改善。

近24亿年前，大气中的氧气与甲烷发生反应，开启了冰川时期。这一时期，大气中的碳有所减少，氧气占比提升，到22亿年前已经上升至4%。这为后来需氧微生物的出现提供了条件。这些生物利用的是大气中的氧，而不再只是海底的氧了。

22亿年前，某些原核生物进化成了真核生物（有细胞核和线粒体的单细胞生物），这一变化过程依然是在大洋底部发生的。在中国、印度和北美，人们都发现了最早的真核生物卷曲藻的存在迹象。

蓝细菌形成的沉积层（叠层岩）

蓝细菌能进行光合作用并且放氧，使整个地球大气从无氧进入有氧状态，孕育了一切好氧生物的进化和发展。图中的沉积层发现于玻利维亚科恰班巴以南的东部安第斯山脉，它是大量蓝细菌类生物和石灰附着物共同形成的，也是地球上最早的生命记录媒介之一接下来，出现了一个重大的历史时刻。那是21亿年前，当时地球依然被遍布全球的原始海洋覆盖，而在如今的加蓬地区出现了人类已知最早的多细胞生物，即加蓬的弗朗斯维尔一带发现的多细胞生命体。但它们依旧是原核生物。

自18亿年前起，在地幔和地核所释放的热量推动下，一块块“超大陆”相继出现。每一次超大陆出现时，地球上的其他区域都被海洋覆盖着。于是热量在超大陆的下方不断积聚，使其破裂成小块，而后这些小块陆地分散漂移，在另一处地方重新聚合成一块完整的超大陆。

第一块超大陆约出现于18亿年前，它有一个为人熟知的名字：努纳（Nuna）[1]。8亿年后，又出现了罗迪尼亚（Rodinia）超大陆。

那时，由于浮游生物的光合作用，水中产出的氢和氧与二氧化碳的量达到了平衡，二氧化碳也封存于石灰岩中。于是，地球大气的成分稳定下来，氮约占78%，氧约占21%。这一比例再未变动过。

至此，一切条件均已具备，生命得以开启多样的演化进程，直至人类出现。

[1] 努纳超大陆，又称哥伦比亚超大陆（Columbia supercontinent）。——编者注

2

水和地球：从海绵到人类

（7 亿年前至 8.5 万年前）

大海就在这儿，它气势磅礴、波澜壮阔、涛声不息。响彻耳畔的是帝王般气盖群雄、令人惶恐的声音，讲着你听不懂的奇言怪语。你面对的是永恒之音。无关人类的生命。

——欧仁 · 德拉克洛瓦

海洋生命趋向复杂

在这一时期，形形色色的生物相继出现，结构趋于复杂，但仍无法脱离海洋而生存。蓝细菌的生命力依然旺盛，但已不再是地球上唯一的生物了。多细胞生物变得越来越复杂。12 亿年前，出现了最早的多细胞真核生物——“红藻”。

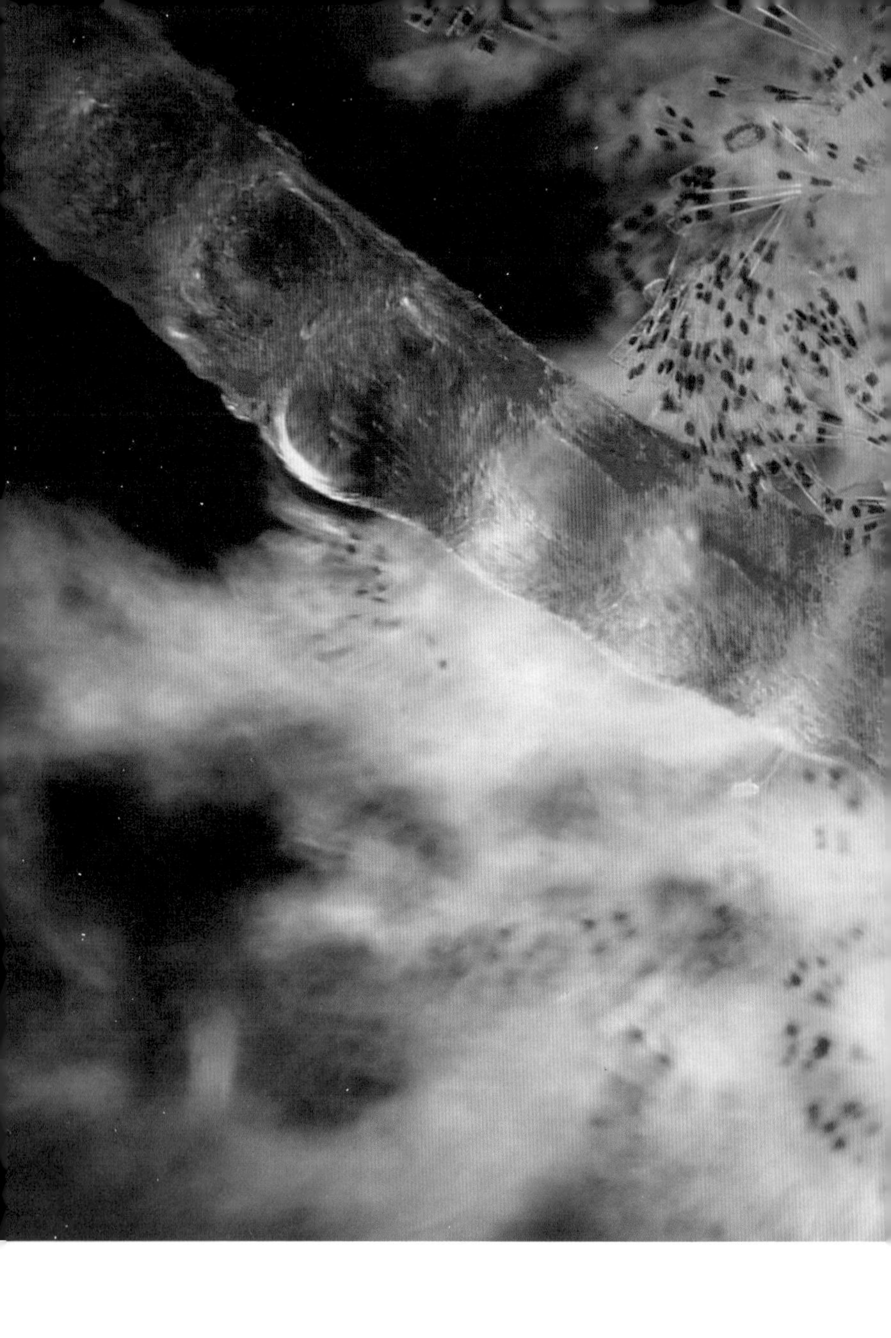

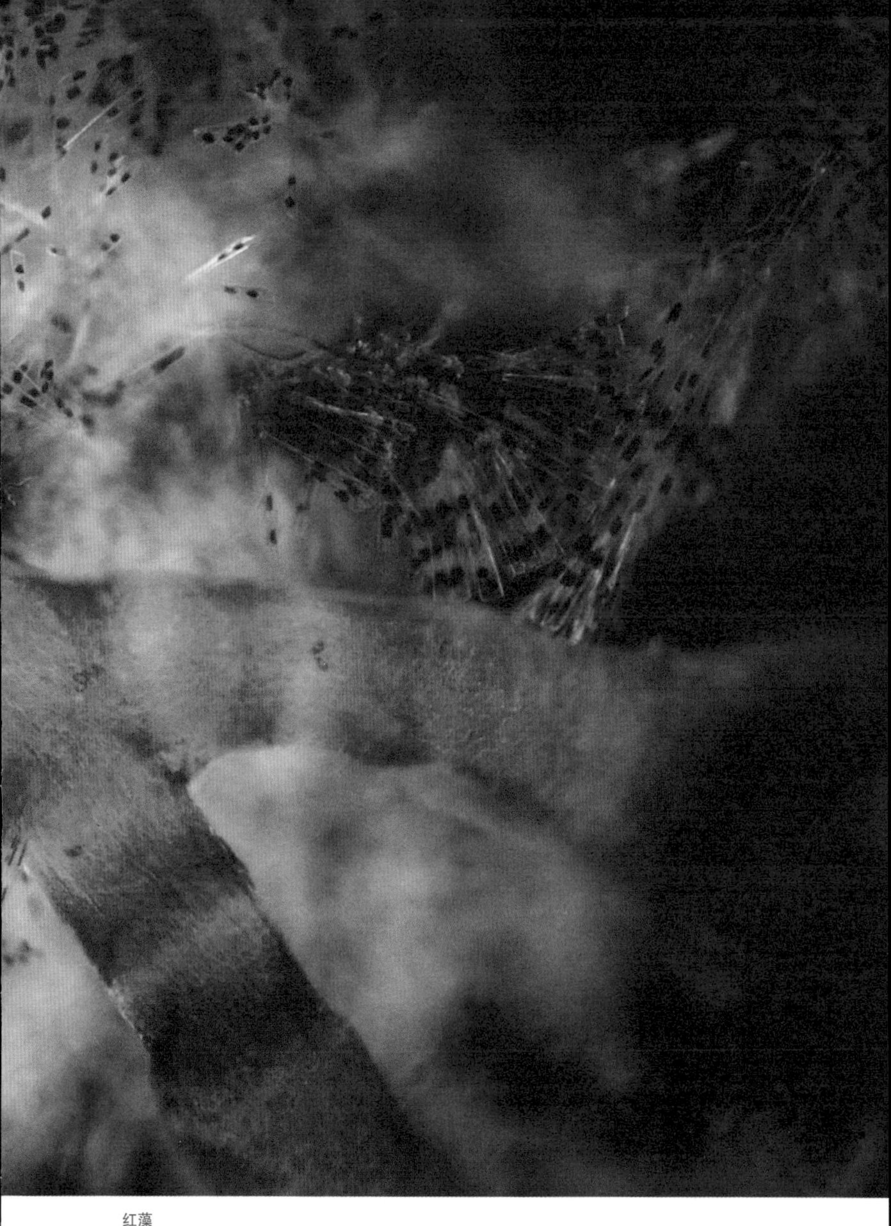

红藻

藻类植物在地球上有着悠久的历史。2017年，科学家们在印度中部奇特拉科奥特的沉积岩中发现了16亿年前的化石，其结构形态十分接近红藻。这一发现表明，作为动物和植物进化起点的多细胞生物，其诞生时间可能比人们先前认为的还要早4亿年

7亿年前，在整片原始海洋中，出现了结构上明显更复杂的多细胞生物——海绵。随后，陆续出现了软珊瑚和水母。水母出现在6.4亿年前，这种生物的平均含水量为95%。

6.35亿年前至5.41亿年前，在被称为震旦纪的地质年代，出现了更为复杂的海洋新生物：藻类、藓类、菌类生物和软体动物。有一些蓝细菌寄生在真核生物体中，它们从宿主体内获取营养，这就是“内共生”现象。

约5.4亿年前，随着寒武纪生命大爆发，海洋中出现了140多个动植物物种。它们的氧合作用促进了许多生物门类的发展进化，其中有存活至今并构成现在大多数主要生物门的多细胞动植物和菌类生物，还有某些早已销声匿迹的物种，如大多数三叶虫纲动物和腕足动物。

约4.45亿年前，整个地球经历了一次巨变：原因不明的大冰期导致近一半海洋生物（当时所有生物均是海洋生物）灭绝。这就是历史上第一次物种大灭绝，这样的物种灭绝此后还发生了4次。

海洋生物移居陆地

4.4亿年前，在大冰期刚刚结束后，生命便复苏了，并且比以往更富有活力。那时，生命的栖息之所依然是海洋。但

海克尔笔下的海绵类动物

这幅图出自《自然的艺术形式》(1904年)，作者恩斯特·海克尔(1834—1919年)是德国生物学家及哲学家，他将达尔文的进化论引进德国并予以完善，以生物进化主题的精美绘画闻名

就在这时，一个划时代的变化悄然而至：大气中有了充足的氧气，使生命能够脱离海洋而生存；同时，有足够的臭氧包裹着地球，使它免受阳光的侵害。于是，一些植物，尤其是苔藓和地衣，得以脱离水生环境在岸上蓬勃生长。那时，只有少数植物可以离水生存，动物的登陆之旅尚未开始。

4.2 亿年前，海洋中出现了最早的脊椎动物和鱼类，长着壳或骨头，有的有颌，有的无颌。它们通过有性繁殖的方式繁衍后代，却无须交配，因为海水可以把雄性动物的精液送入雌性动物体内。可以说，陆地上出现了植物后，海洋中便有了鱼类。鲨鱼就是那个时候出现的，它们在每一次物种灭绝大灾难中都能幸存下来。

3.8 亿年前，海水的温度和海平面再次发生显著变化，海洋含氧量明显下降（“缺氧”），海洋和陆地共有近四分之三的物种消失。消失的物种中，陆地生物多于海洋生物。

这便是第二次物种大灭绝。

灾难过后，生命再次迅速复苏。仿佛大批物种的消亡就是复杂新生物种诞生的前提条件，而大海就是庇护生命的圣地。

3.75 亿年前，鱼类开始进化，原始鳍演化成骨质鳍，这使它们在泥泞的岸边也能行动自如，从而促使其进化成可以离水生存的动物。

3.5 亿年前，地球见证了生物进化史上的重要篇章：首批动物开启了离海登陆之旅。它们是爬行类动物，随着时间的推移逐渐进化成有鳞目（蜥蜴和蛇）、龟鳖目（龟）、鳄目、恐龙类、似哺乳爬行动物等不同种群。爬行类动物是陆地上最早的动物。它们通过不断的进化，体内长出了泄殖腔。泄殖腔内环境湿润，使生命得以在此孕育。海洋是鱼类受精和孕育后代的场所，而对于陆生动物来说，泄殖腔就如同雌性动物体内的小小海洋。

3 亿年前，一块新的超大陆形成了，人们称之为“盘古大陆”。大陆的周围依然是整片的原始海洋。2.52 亿年前，于二叠纪与三叠纪之交，地球再次发生大灭绝。这一次大灭绝可能是由于海平面发生变化，可能是由于大量陨石落入地球，也可能是由于火山活动增多。这一次，有 95% 以上的海洋物种和 70% 的陆生物种从地球上消失。这就是第三次物种大灭绝。随后，大地和海洋再次恢复生机，新生物种的结构变得更加复杂。

哺乳动物出现，超大陆分裂并形成多个大洋

2.3 亿年前，陆地上的犬颌兽、三叉棕榈龙等某些似哺乳爬行动物进化成为哺乳动物，它们用乳汁喂养幼崽。已知最古老的哺乳动物化石距今 2.2 亿年。这些哺乳动物体内形成了由泄殖腔进化而来的阴道，它连接着子宫和外阴。

2 亿年前，海平面不断变化，气候也出现了原因不明的转变，加之火山喷发，全球变暖，由此引发了史上第四次物种大灭绝。

但生命随即开始复苏，新生物种结构更加复杂。1.8 亿年前，也就是侏罗纪初，地球上又呈现出物种丰富多样、一片生机勃勃的景象。

与此同时，一场大规模的地质变化发生了：两大板块从超大陆中分离出来，形成了后来的北美洲和印度。至此，整片的原始海洋变成了两片被陆地环绕的大洋——泛大洋和古特提斯洋。

1 亿年前，欧亚板块从超大陆中分离出来。其后，剩余的大陆又分裂成非洲板块和南美板块。7 000 万年前，印度板块与亚洲板块相互碰撞并合为一体。大陆漂移后，泛大洋就只剩今天的太平洋这一部分了。

6 500 万年前，一颗巨大的陨石坠入今墨西哥境内，加之印度德干高原的火山剧烈喷发，恐龙全部死亡。这就是第五次物种大灭绝。

自那时起，也就是“古新世—始新世”时期，地球经历了史上最炎热的阶段；从北极圈至南极圈的所有陆地，都布满了茂密的森林。

海洋进入稳定期，灵长类动物出现

5 500 万年前，陆地上出现了两大类哺乳动物：真兽类哺乳动物（有胎盘）和有袋类哺乳动物（以雌性有育儿袋为特征）。

此时，灵长类动物也出现了。迄今发现的最古老的灵长类动物化石（*Donrussellia* 和 *Cantius*）距今已有 5 500 万年。它们大多数时候都生活在树上，主要以树上的果实为食。

5 000 万年前，北冰洋初具形态。大西洋、太平洋和印度洋进入稳定期。

4 000 万年前，地中海形成。与此同时，第一批猿猴在非洲大陆上诞生。

3 000 多万年前，地球经历了一次大规模的降温。在洋流与气流的作用下，形成了一个冰盖。海平面下降百余米，地球平均温度也降低了 15℃。此次温度骤降使南极大陆与澳大利亚大陆及南美大陆分离。在欧亚大陆和非洲，最后只剩南北回归线之间的带状森林完好无损，南回归线以南和北回归线以北的森林逐渐消失，那里原有的灵长类动物也随之灭绝。

自此，从地质学角度看，地球似乎一片祥和，达到了某种平衡。但这种平衡却十分脆弱，并且如今正面临着威胁。

陨石穿过大气层落至地球的现象极为罕见，它们带来的水分子数量也极少，因此，地球上的水量比较稳定，总量为

13.86 亿立方千米。其中的 13.38 亿立方千米都是海水，另外 0.48 亿立方千米则是江河湖泊中的淡水。此外，处于地球核心的矿层含水量相当于 2 到 5 个大洋。直至今日，地球上的总水量依然保持不变。

那时的太平洋与今天一样，面积有 1.79 亿平方千米，水量有 7.07 亿立方千米，平均深度 4 282 米，最大深度 11 035 米（马里亚纳海沟）。大西洋面积 1.06 亿平方千米，水量 3.23 亿立方千米，平均深度 3 926 米，最大深度 8 605 米（加勒比海的密尔沃基深渊）。印度洋面积 7 300 万平方千米，水量 2.91 亿立方千米，平均深度 3 963 米，最大深度 8 047 米（澳大利亚外海的蒂阿曼蒂那海沟）。南冰洋面积 2 000 万平方千米，水量 1.3 亿立方千米，平均深度 4 200 米，最大深度 7 236 米（南桑威奇海沟）。北冰洋面积 1 400 万平方千米，水量 1 600 万立方千米，平均深度 1 205 米，最大深度 4 000 米（格陵兰岛东北部），主要组成部分是一块冰盖，冰盖下方是冻结的岛屿和海水，还有冬季形成的浮冰。其中部分浮冰即使在夏季也不会融化。

在天体引力和地球自转的作用下，产生了有规律的潮汐现象。海，这种比大洋略小的水体，也进入了稳定状态。

于是，海水的成分也趋于稳定：由于陆地上发生的侵蚀作用，多种盐类（氯化钠、氯化钙、氯化镁、氯化钾、氯化溴、氯化氟）溶入海中，这恰好持续补充了海水因沉积和蒸

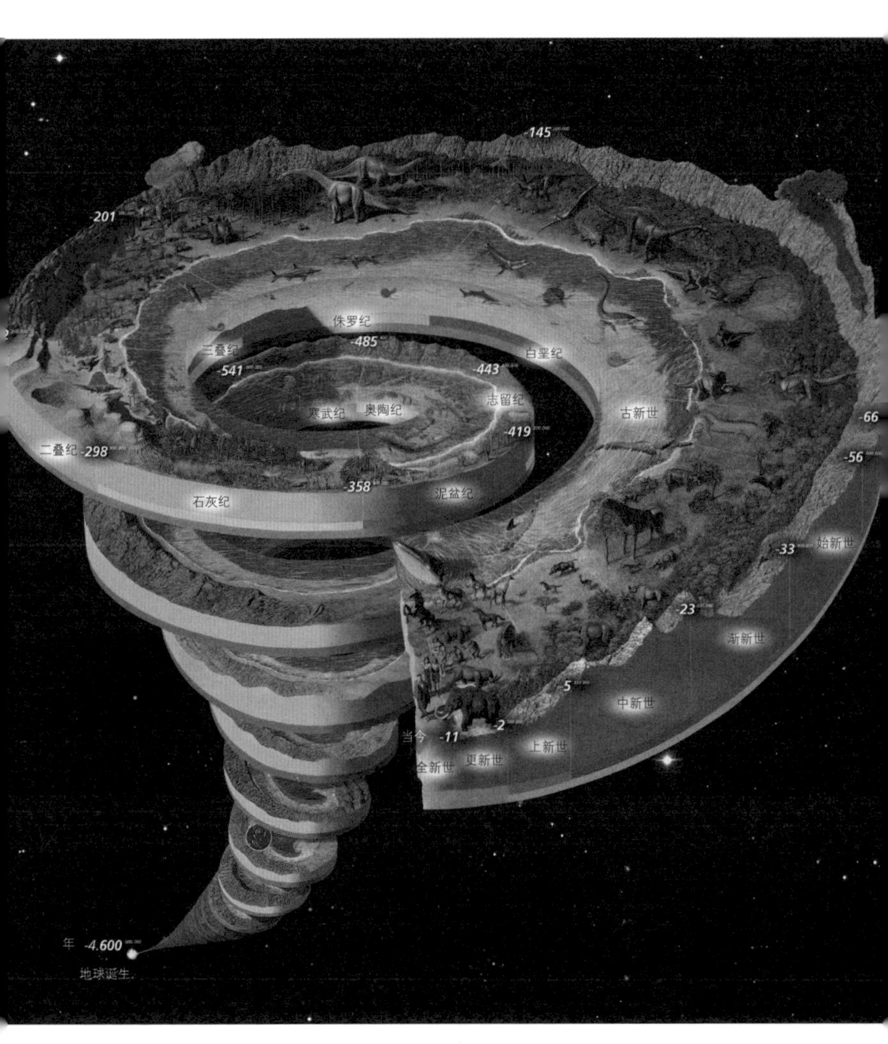

“自然的多样性”

图片出自都灵地区自然科学博物馆。地球上的生命从最初诞生，到今日发展出高度的多样性，都离不开海洋环境的孕育与支持

发而导致的盐分流失。钾被黏土吸收，钙则被某些海洋生物所利用。大气中 90% 的二氧化碳溶解于海水，并由洋流带入海底。那时和今天一样，1 升海水平均含盐量为 35 克，全球海洋的总含盐量达 4.8×10^{16} 吨。北冰洋由于海水含盐量高，在−2.6℃才会结冰。而其他海域的含盐量相对较低，海水冰点自然也稍高一些。

据推断，远古时代那些最早的灵长类动物已经开始食用盐了。

灵长类动物的首次乘“筏”海上之旅

同一时期，也就是 3 000 万年前，少数早期灵长类动物离开非洲，到达南美，其间经历了令人难以置信的海上之旅。而这样的旅行，或许并非出自动物的本意。

对此有一种广为流传的假说：非洲大河入海口岸边的树木落入水中，漂浮在水上，就像是木筏，载着上面的灵长类动物漂洋过海。这件事并非不可能，甚至在今天，仍有此类“植物浮冰”载着那些原本无意进行海洋之旅的动物穿行在南大西洋的广阔水域中。3 000 万年前，非洲和南美洲的距离比现在短。此外，洋流也起了推动作用，把它们从非洲带往南美，途经亚速尔群岛、加勒比海，或经由非洲南部、南极洲西部以及巴塔哥尼亚，最终到达南美。

然而，这种假说也存在争议，因为除了极少数特殊情况外，猿猴通常是很怕水的，况且它们还有进食和喝水等日常需求。但这些猿猴为什么会出现在今天的南美地区，人们却没有找到其他合理的解释。因此，这或许就是灵长类动物意料之外的首次旅行吧！

2 000 万年前，这些灵长类动物逐渐进化成人科动物。人科动物包括人类的祖先、黑猩猩、倭黑猩猩、大猩猩和猩猩。它们的活动范围已不再局限于树上，而是扩大到了整个草原。它们行走的时候，背部也比其他灵长类动物更挺直一些。

1 600 万年前至 1 200 万年前，随着地中海的形成，这些仍在四处漂泊、居无定所的人科动物来到了欧亚大陆。随后，它们或移居亚洲，或重返非洲。移居亚洲的人科动物后来都消失了。重返非洲的那一部分则越来越呈多样化发展，现代人类便由这一支人科动物进化而来。

直立行走与墨西哥湾暖流

700 万年前至 500 万年前，人类的祖先——乍得沙赫人（*Sahelanthropus tchadensis*）、肯尼亚的图根原人（*Orrorin tugenensis*）和埃塞俄比亚的地猿（*Ardipithecus*）——生活在茂密的非洲森林和开阔的大草原上。当它们可以直立行走后，一切都发生了变化：它们能够发现远处的敌人，由身体支撑的头部使脑容量也可能得到提升。此外，随着交配姿势的巨大变化，两性关系也发生了改变。

500 万年前，美洲两个次大陆合为一体，大西洋与太平洋从此不再相通，墨西哥湾暖流也由此诞生。

这股暖流的形成在历史上起到了至关重要的作用，因此很有必要细说一下。

那个时期同当今一样，海水持续不断地流动，因为不同区域的海水有着不同的温度和盐分浓度。由于蒸发作用，海洋表层的水温和盐度都高于大洋深处；表层海水从赤道流向两极，骤然冷却结冰，析出的盐分则沉入海底。北极冰盖就是这样形成的。相应的，底层海水密度变得极大，开始反向流回赤道。与此同时，随着温度的上升，这股水流又重回海洋表面。这种现象就叫作“热对流循环”，又名热盐环流。墨西哥湾暖流将北大西洋西南部温度较高的表层海水带往北极冰冷的海域，温暖了沿途必经的西欧海岸。在太平洋上，日本暖流（也被称作黑潮）将北赤道温度较高的表层海水带往日本东北部，也为途经的日本海岸带去了温暖。

同一时期，非洲东部和南部出现了另一支灵长类动物——南方古猿。400 万年前至 200 万年前，随着不同季节的出现，南方古猿也开始分化，其中一部分不再仅仅以植物为食。进食肉类最多的南方古猿后来进化成“最早的人类”，他们居无定所、四处迁移，但从未离开过非洲大陆。著名的

“露西”就是南方古猿的代表。

280 万年前，豪登人（*Homo gautengensis*）、能人（*Homo habilis*）、鲁道夫人（*Homo rudolfensis*）、格鲁吉亚人（*Homo georgicus*）这些南方古猿的后代开启了迁徙之旅，但始终没有离开非洲大陆。他们会制作多种石器，能更顺利地行走，脑容量也更大了，但他们对树木还是有些许依赖。他们虽四处迁移，但依然不会离开陆地，并且始终凭借双脚徒步前行。

200 万年前，这群猿人走出了非洲，去往不循海路只走陆路所能企及的陆地尽头。我们在中国找到了他们曾经留下的痕迹。他们使用的盐来自海洋还是盐矿，他们沿海还是沿河打鱼，我们都无从知晓。但无论如何，他们很可能已经展开了渔猎活动，因为我们在他们所使用的工具中发现了最原始的鱼叉。

这群猿人跟我们现代人已经非常接近了。他们体内的水分占比超过 70%，主要集中在血浆中；肾脏中水的比重为 81%，大脑中水的比重为 76%。他们需要饮水，以排出体内新陈代谢所产生的垃圾，并维持体温。

最早的人类——直立人，以及他们的首次跨海之行[1]

200 万年前，非洲大陆上出现了直立人（*Homo erectus*）。

[1] 本节系作者与帕斯卡尔·匹克交流后重新编写的最终版本。——原注

他们耐力更强，更富有创新性。他们制定了葬礼习俗，产生了恋爱行为，全体成员系统地组织在一起。他们的身体具备良好的散热能力，比其他动物的奔跑时间更长。他们会生火，建造栖身之所，还会装扮自己。他们可以在同一地点持续居住数周，但这仍不能算是真正的定居生活。人们发现，180万年前，他们的足迹最远到达过格鲁吉亚的德马尼西。

直立人的海上之行首战告捷。大约80万年前，一部分直立人步行来到了马来西亚，那里剧烈的火山喷发令他们不得不逃亡，而逃亡之路只有一条：穿过巴厘岛和龙目岛之间的海峡去往弗洛勒斯岛。弗洛勒斯岛是印度尼西亚巽他群岛中的一个岛屿。这个海峡也是一道天然的生物地理分界线，也就是说，它从地理上将生物物种区分开来，位于分界线一侧的动物物种很难在另一侧生存。真兽类哺乳动物生活在这条分界线的西侧，有袋类哺乳动物则生活在东侧。

这个海峡宽20千米，水流强劲，海水极深，根本无法徒步穿越。直立人很可能是骑在剑齿象的脊背上穿越海峡的。剑齿象是1 200万年前出现的一种水性很好的象，最后一批幸存的剑齿象1.1万年前恰好就在弗洛勒斯岛生活过。

让我们来想象一下当时跨越海峡的情景吧！火山爆发让直立人心惊胆战，于是他们冒险横渡海峡，双脚探不到海底，也完全不知道海的另一边会是什么……

在那段漫长的时期内，除了这次横渡海峡的历险之外，我们再没有发现直立人在其他海域航行的证据。但已发现的近 80 万年历史的足迹化石，证明直立人曾经在今天英国境内的海滩上行走过。那时的海平面有所下降，因此他们可以徒步跨海登陆英格兰。直立人可能在那段时期内进行过渔猎活动，也可能采集过海盐。

80 万年至 50 万年前，直立人逐渐分化为几种不同的类别，有欧洲和西亚的尼安德特人（*Homo neanderthalensis*）、中亚和东亚的丹尼索瓦人（Denisovan）以及非洲的智人（*Homo sapiens*）。

尼安德特人和丹尼索瓦人继续迁移。我们在考古活动中发现了这些原始人的遗迹，丹尼索瓦人的基因留在了西伯利亚边境，尼安德特人的基因留在了西班牙。这两支原始人在中东地区相遇，并发生过基因交流。

晚期智人（*Homo sapiens sapiens*，今天依然有人用这个词来指代那些大脑高度发达、基因与现代人类非常相近的智人，即现代人的前身）留下的最古老的遗迹位于摩洛哥，距今 31.5 万年。人们在埃塞俄比亚发现了他们留下的其他遗迹，距今 25 万年。

约 25 万年前，由于旱季的到来，晚期智人迁徙至非洲海岸。他们穿越河流的方式可能是徒步涉河，也可能是乘坐木筏或搭建简易木桥。20 万年前，他们的活动范围仍然仅限于非洲北部、东部、南部和中东地区。他们飞速创新，会使用多种尺寸的石器。此外，他们佩戴的首饰、雕刻的物品、使用的工具以及葬礼的习俗也都在不断发生变化。约15万年前，他们以部落为单位组织起来，一同离开了非洲大陆，去往欧洲和亚洲。

我们在塞浦路斯岛上也发现了人属13万年前留下的痕迹，但无法确定这些是直立人、尼安德特人还是智人。他们会在海上航行吗？某些考古学家断言在克里特岛发现了12万年前的工具，由于这些工具只可能来自大陆，因而人们相信那时的克里特人能够穿行海上。

欧洲智人最古老的遗址位于意大利和西班牙，二者的年代也很相近，同样只有直立人的海路迁徙才能解释这一现象。

10万多年前，晚期智人离开了非洲中部。究其原因，可能是撒哈拉沙漠面积不断扩大，资源的获取跟不上人口增长的速度，也可能是与其他动物或者类人物种发生了冲突。在迁徙中，晚期智人来到了河边，随后沿河到达海口。在南非开普敦以东300千米的布隆伯斯和平纳克尔海岬的两处海滨洞穴中，我们发现了晚期智人开发利用海洋资源的最古老遗迹：洞穴中留下了大量颜料的使用痕迹和晚期智人创作的“艺术品”。而后，人们发现整个非洲海岸（包括非洲西海岸、摩洛哥、中东地区和非洲东海岸）都能找到晚期智人的踪迹。在那里，人们找到了由贝壳制成的耳坠、手链以及项链，这些贝壳都被穿孔并且涂成了赭石色。除此之外，人们还发现了最早的史前石窟的壁画装饰艺术。人们推测，晚期智人可能也食用海盐，或许那时的他们就已经知道加了盐的食物可以长期储存。我们不知道他们是否只沿着海岸迁移，是否已经开始在海上航行，因为他们在居住地或是航程中留下的最古老遗迹早已被淹没在茫茫大海之中。总之，我们所知道的，就是他们徒步走出非洲去往黑海，途经中东时遭到了尼安德特人的堵截。

现代人类的探险由此拉开序幕，而这些历程与海洋有着密不可分的关系。

3

人类最初的海上之旅

（公元前 6 万年至公元元年）

世上有三种人：活着的人、死去的人和出海远行的人。

——亚里士多德

公元前 6 万年，地球上人种繁多，但总人口不到 100 万。人类依然过着四处迁徙的生活，他们从不在一处长期居住，最久也只有数月。有时，他们会在海上航行，但也只是沿着海岸线前行。

对于这些早期的人类而言，海洋既是丰富的食物来源，也是危机四伏之处。天神爆发的怒火，也总是通过大海表现出来。温暖如春的海是生命的摇篮，寒凉如冰的海却是死亡的预兆。那时的一些人认为大海没有尽头，而且和陆地一样是平的；另一些人则认为大海的尽头就是悬崖峭壁。但无论如何，他们带着任何后来者都无法企及的胆量，越来越频繁地投身波涛之上。

他们不断积累航海和天文知识，这些知识与气象学、星相学和占卜都有着内在的联系。海洋与天空是紧密交织的。出海远行的人必须深入了解星辰、风云、洋流、鱼群和飞鸟。我们可以从他们绘制的航海图中看出，这一时期的人类将他们收获的复杂知识代代相传。人们在出海前会举行赎罪仪式，祈祷，在迷宫般的树林边模拟海上航行，用动物或人来祭祀以及占卜吉凶，这些活动都是不可或缺的。人们登船时的情形，也会体现出水手与船长、船员与乘客之间的阶层差异。在广阔陆地上活动的游牧部落也是如此，同样存在社会阶层之别。

那时，早期人类多半在中国海、波斯湾以及地中海等平静的海面上沿岸航行，很少在潮汐汹涌、暴风雨频袭的大西洋上乘风破浪，若有，也仅限于短途的近岸航行。

在太平洋上

灵长类动物最早的大西洋之旅大约始于 3 000 万年前。现代人在太平洋上的首次航行距今大约 80 万年。晚期智人的首次航海旅行可能始于6万年前，地点则是在印度洋和太平洋沿岸地区。

晚期智人徒步穿越了阿拉伯半岛、伊朗、印度和中国，于6万年前乘坐近海船只南下到达巽他群岛。那时，海平面还很低。

不久后，他们又行至大洋洲。世界上最早的船只手绘图案就是在大洋洲发现的，年代与晚期智人到达大洋洲的时间相符。那是些2~8米长的小船，是晚期智人掏空树干后借助石制工具制成的。后来，他们离开大洋洲，到达了菲律宾、印度尼西亚以及今天的泰国和马来西亚境内。

我们发现在这个时期，还有一些晚期智人分别从巽他群岛的印度尼西亚所属部分，以及中国南方地区前往澳大利亚。他们的后代就是今天澳大利亚的土著和新几内亚岛的巴布亚人。这类迁徙活动并不是没有可能，最近甚至有人还原了相关历史场景：晚期智人借助燧石工具，使用木头和藤蔓作为原材料制成宽大的木筏。他们从帝汶岛出发，经过三次尝试，顺流在海上航行了两个星期后，在澳大利亚的达尔文港成功登陆。

约4万年前，地球进入玉木冰期，海平面下降了近60米，人类从现在的中国和西伯利亚地区徒步前往日本群岛。在日本神话中，龙神（大绵津见神）是一条可以变成人形的海龙，日本皇室也自称为龙神的后裔。

我们在里海的岩石上发现了距今 4 万年的船型雕刻。也就是在那一时期，除去晚期智人之外的人科动物几乎全部灭绝。在冰期中，一部分人从非洲出发，步行 2 000 千米到达南美，随后北上来到北美。岩石壁画上展示的就是这一场景。1.5 万年前，他们在北美遇到了从堪察加半岛步行抵达阿拉斯加的人。他们随后沿海岸南下，大约于公元前 10000 年到达加利福尼亚，并且很有可能沿着南美西海岸步行直至巴塔哥尼亚。这种猜测被人们在智利南部绿石（Pedra Verde）遗址的考古发现所证实。

公元前 6000 年左右，地球上的人口总数约为 500 万，人类社会经历了一次划时代的技术革新：南岛人的居住地区以及中国东南部出现了最早的帆船。南岛人因而得以穿行于各岛屿之间，中国人也因此开始在长江、黄河上航行。他们随后可能在一些小村庄居住下来，开始了最初的定居生活。

在中国，公元前 3000 年，也就是传说中第一个帝王统治时代的前夕，东南部的聚居者再次跨海，定居台湾，并将其活动范围延伸至大洋洲。他们捕鱼、经商，出售的主要商品是盐。因为那时盐的使用已经非常普遍，人们大多用盐来保存海鲜。

那时的中国人相信天圆地方，中国大地被东南西北四大洋所包围。四海龙王（敖顺、敖广、敖闰、敖钦）各自保卫一方海域，共同守护国家安全。同一时期的印度人把大地看

珠海宝镜湾船形岩画

中国南部及东南沿海地区也分布有南岛语族居住区域，这里的居民和太平洋诸岛上的族群关系紧密，都拥有丰富的海洋文化内涵。珠海地区发现的宝镜湾岩画就反映了这一地区南岛语族居民的早期航海历史

作扁平的圆盘，四大洲围绕须弥山分布，周围是无边无际的海洋。海神伐楼拿主宰着宇宙，随后被因陀罗取代。

公元前 2000 年起，南岛人再次掀起了航海技术大革新的浪潮。为了能够远航至菲律宾、马来西亚南部、印度尼西亚和澳大利亚，他们开始使用配有平衡杆的双体独木舟，这种双体独木舟能容纳 60 人，同时还可承载大量动植物。南岛人在澳大利亚发现了已经在那里生活 5 万年之久的原住民。

自公元前 1000 年起，斐济岛似乎成了他们远航的起点。他们乘坐看起来丝毫经不起风浪的船只从斐济出发，登临萨摩亚、富图纳以及所罗门群岛，最后到达今天的法属波利尼西亚。他们甚至可能行至南美洲西海岸，这就解释了为什么这些地方的语言相通，而秘鲁人的游记中会写到波利尼西亚人。

公元前 1000 年，中国与印度之间的商船往来频繁，它们途经马六甲海峡。印尼东部马鲁古群岛的丁香就这样被运到中国，随后又被运至埃及。

一些以天然香料为主要资源的王国就这样诞生了，它们拥有众多商船。苏门答腊岛的室利佛逝国成为中国与世界其他国家商船往来必经的中转站，这一交通枢纽的重要地位在 15 个世纪内都不曾改变过。扶南国位于以湄公河三角洲为中心的中南半岛南部，从香料贸易中获益良多。

那时的中国商人已经习惯将商品分装到不同的船只中，

自家船上也可以装载别家的货物，从而实现风险均摊，堪称保险业的雏形。为了保证运输途中不受海盗的袭击，商人们还雇用携带武器的保镖随船同行。

公元前221年，地球上的人口总数约为3 000万。那一年，中国历史上第一位皇帝——秦始皇完成了统一大业，建立了秦朝。约公元前220年，秦始皇下令在西部疆界建造长城，并决定放弃海洋扩张，海上贸易和海洋军事也一概不予关注。这一短命王朝于公元前206年灭亡，并被刘邦建立的汉朝取代，后者持续了400余年。

西汉定都长安，位于今天的中国西部。公元前2世纪，汉朝人开启了“丝绸之路”，与当时波斯的帕提亚人有些许商业往来。帕提亚人后来又与欧洲人展开了贸易活动。

公元前1世纪的中国，在大海上航行的都是商人。他们通过海路运输珍稀物品，有时是因为海路是唯一的运输途径，可有时，即便能走陆路运输，他们依然会选择海路，因为人们逐渐清楚地认识到，海路比陆路安全，船只能运载的货物也远远多于车马。

于是，大约在公元元年，天青石、犀牛角、象牙、珍贵木材、金、银、铜、铁等来自非洲的珍稀之物就这样穿越印度洋来到了中国。

波斯湾和地中海

世界其他地方又是怎样的情况呢？大约 6 万年前，现代人类来到欧洲，遇到了尼安德特人，与他们生活在同一片土地上。他们之间发生过冲突，也可能有过融合。从约 5 万年前开始，现代人类通过陆路或海路去往北欧、科西嘉和西西里。

接下来的几千年里，他们打鱼、捕猎、采摘食物，却仍旧没有在某处定居下来。他们可能拥有小船或是木筏一类的工具，可以在河流或浅海处航行。

约 9 500 年前，人类历史上出现了一次大变革：中东地区的人类先于世界其他地区人类开始了定居生活。但与人们普遍流传的说法截然相反，他们的定居地点更靠近海洋。中东人来到约旦河谷地区，在死海边的杰里科定居下来，形成了这一地区最早的城市。这是一个港口城市，中东人在这里定居后，乘船航行的可能性很大，至少也会出海捕鱼。或许，人们过上定居生活后才能充分利用海洋资源。在这里，他们筑起了第一座堡垒，如今我们还能看到它的遗迹。他们开始了农业种植和畜牧业养殖，而后又在这里兴起了制铜业。他们就是这样依靠海洋逐渐定居下来并发展农业的。

随后，他们在临近的美索不达米亚地区——连通波斯湾的两河（底格里斯河和幼发拉底河）流域——建立了其他城市。在那里，人们发现了 6 000 年前的绘画，描绘的是有桨帆船在两河流域行驶，并运送建筑材料与食品。奇怪的巧合是，同一时期太平洋上也出现了帆船。

于是，人类就这样在近海与沿河地区定居下来。这时，陆地上的游牧生活完全转变成了笔者称之为海上定居的生活模式。

约5 000年前，在美索不达米亚地区，苏美尔文明依然将海洋视为人类的威胁，这种观点最早产生于乌鲁克文化。《吉尔伽美什史诗》让我们看到了传说中第一次大洪水的凶猛无情，海洋则是死亡之地。那个时代出现了两种新的船只：兽皮船（用帆布及兽皮加固的圆形船体）和羊皮筏（底部装有一定数量充气羊皮囊的方形大木筏）。这两种船能够运输大量人畜物品，可以顺流而下，却不能逆流而上。人们到达目的地后，就会将船体拆解。

同一时期，另一些人在尼罗河岸边定居下来，他们的定居点通常是河港或海港。那时，埃及地区同时存在许多尚在雏形中的王国，但我们无从知晓这些王国的名字。人们在考古活动中发现了那个时期的一个骨灰瓮，表面有风帆残留的痕迹。据推测，装有这片风帆的船可能是在尼罗河上运送牲畜或石料。公元前4 000年，风帆变得细长，埃及的水手渐渐懂得如何利用风力。在这一点上，他们比南岛人晚了很多年。

古埃及神话中，原初混沌之水——努恩（Noun）是诸神与人类的诞生地。尼罗河，就是努恩完成其使命后所剩之水。

太阳神拉（Râ）在尼罗河上航行，文明由此得以发展。

4000多年前，古埃及人建立了最初的国都——孟菲斯城。这一古代帝国的权力中心同样是一座港口城市。

公元前3500年左右，埃及各城邦的港口规模越来越大，安全性也越来越高；埃及人制造的船只或用帆，或用桨。埃及人乘船在地中海（埃及人称为“白海”）沿岸航行，去往今天的以色列和黎巴嫩海岸寻找木材，或是经红海航行到那时被他们称为“桥之国”的地方，这一地点可能位于今天的非洲之角[1]。当时红海沿岸的三个港口影响力非常大，它们位于今天的阿萨加瓦西斯、艾因苏赫纳和瓦迪伊尔加尔夫。

随着公元前3150年前后古埃及第一王朝的建立，造船术有了很大的改进：在搭建船架之前，人们会将船壳板一一组合，这样既能加大船壳的尺寸，又能增加船只的密封性。此外船体后部还会固定有大型船桨，作为船舵使用。

不久后，约公元前3000年，苏美尔王国出现了众多城邦：乌鲁克、基什、尼普尔、埃利都、拉伽什、乌玛和乌尔。它们都在等级森严的社会制度下臣服于国王。它们共同信奉掌管丰收的女神。这些城邦的兴起与两河流域运河经济的发展不无关系。由于当地资源逐渐枯竭，美索不达米亚的水手

[1] 非洲之角，位于非洲东北部，是东非一个半岛。作为一个更大的地区概念，非洲之角包括了吉布提、埃塞俄比亚、厄立特里亚和索马里等国家。——译者注

走出了运河，去往波斯湾，随后又到达阿拉伯海各港口，寻觅木材、象牙和金、铜等金属，出售羊毛、谷物、椰枣以及壶罐器皿。他们的船用木头和芦苇制成，可以承载20吨货物。

亚洲人很早以前就得出一个结论：与陆上的车队相比，海上的船只可以运送更多的货物，运输速度更快，风险也更小。美索不达米亚人和埃及人对此也心知肚明。

那时，埃及人用纸莎草换取黎巴嫩的葡萄酒和雪松木（这是造船所需的主要木材）。他们还会用盐来保存运输的食物，鞣制皮革，以及制作木乃伊。

根据吉萨胡夫金字塔附近地区的最新考古发现，约公元前2500年，巨大的雪松木船得以在埃及建成，长43.5米，能承载20人，可航行至远海。

约公元前2300年，在美索不达米亚地区，阿卡德王国的萨尔贡大帝凭借提尔蒙（现在的巴林）和马甘（现在的阿曼）的商贸收益，开始了与印度次大陆北海岸地区（现在的巴基斯坦）和阿拉伯半岛南部的商业往来。约公元前1750年，关于商业活动管理的一些法律陆续出台。例如《汉穆拉比法典》就对船主和船夫的关系做出了详细的规定。

人们在德巴哈里停灵庙（也称哈特谢普苏特女王神殿，与卢克索神庙隔岸相对）里发现了公元前1500年的浅浮雕，上面刻有古埃及人在哈特谢普苏特女王的资助下在红海上扬帆远航并与别国进行物品交换的场景。一些物品的交换是出于外交礼节，另一些物品——例如供奉神灵所用的香——的交换则具有商业性质。

从那时起，大海也越来越多地出现在神话中。根据苏美尔人的宇宙起源论（于公元前 1200 年被巴比伦神话借用），最初的世界是一片混沌，只有汪洋大海（咸水）提亚玛特与甜水之渊（淡水）阿卜苏，二者结合而生众神。人类惹恼了位高权重的恩利尔（实际掌握最高权力的神祇），他一怒之下倾倒海水淹没了大地。海洋的保护神伊亚（一说为恩奇）命祖苏德拉——在巴比伦神话中被称为阿特拉哈西斯——建造方舟，将每样物种都放入其中，他也因此得以幸存。这就是历史上最早有关大洪水的描述。大洪水之所以出现在神话中，想必是源于人们的现实经历：例如底格里斯河与幼发拉底河的河水泛滥，以及安纳托利亚冬季降雨加之雪水融化所形成的洪水。

“海上民族”：腓尼基人和小亚细亚的希腊人

同一时期，地中海沿岸出现了两大新兴海上势力。埃及人心怀畏惧，将二者合称为“海上民族”。

起先，不同语言、不同血统的部落在埃及北部地区的推罗、比布鲁斯和西顿等容易防守的港湾驻扎下来，在那里开设港口并展开商业活动。人们称他们为腓尼基人。他们从港

腓尼基人的船只

腓尼基人是最早的海洋商业民族之一，“腓尼基”（意为“紫红色的”）的名称即来源于他们持续出口的紫红色天然染料。这幅表现腓尼基人商船贸易活动的浮雕最早被装饰在新亚述国王萨尔贡二世（前721—前705年）的宫殿中，现收藏于卢浮宫

口起航，将当时的珍稀物品——一种紫红色天然染料——运往海外进行贸易。这种染料色泽艳丽，其色彩来源于地中海沿岸常见的海蚌。就这样，腓尼基人很快成了地中海的霸主，在诸多港口建立起贸易区。他们还使用并推广了人类历史上最早的字母，但他们并不是这些字母的创造者。

而同一时期更靠北的地区——也就是小亚细亚海岸地带——迎来了阿哈伊亚人。他们被逐出伯罗奔尼撒后，在这里定居了下来。阿哈伊亚人就是希腊人的祖先，他们是一群特别开放的海上旅行者。在阿哈伊亚人的神话中，乌拉诺斯（天空和生命之神）与盖亚（大地女神）之子——海洋之神俄刻阿洛斯是一位善良的神，他的住所远离陆地上的一切动荡与纷扰。他与泰西斯的子女有上千之多，其中女儿们都是海神，而儿子们都是河神。他的侄甥中有一位叫宙斯（克洛诺斯的儿子，乌拉诺斯的孙子），后来成了众神之主，将俄刻阿洛斯的海洋主宰地位赋予了波塞冬。波塞冬对某些水手（如他的儿子忒修斯）悉心保护，而对另一些（例如刺瞎了波塞冬之子波吕斐摩斯的尤利西斯）却加以迫害。波塞冬身兼数职，他是海神，同时也是地震之神、风暴之神和马匹之神。小亚细亚的这些早期希腊人已经开始食用被荷马称作“神赐之物”的盐，自认为是介于人与神之间的高等生物。

他们在港口建起了瞭望塔，组建了历史上第一批海军部队，他们的帆船能撞穿敌船，还能投射弹丸。船员都是自由身，因为奴隶永远无法成为优秀的水手。

对于这些不同于美索不达米亚人和埃及人的“海上民族”来说，对海洋的掌控是关乎生死存亡的问题，因为他们自己不生产生活必需品，而其他人则仅购入必需品以外的物品。

也正是在这一时期出现了最早的海盗和海军，并发生了最早的海战。我们已知最早的海上对决发生在公元前1194年，即拉美西斯三世统治初期，埃及人与“海上民族”在尼罗河三角洲的拉非亚（Raphia）爆发的海战。在这次战役中，埃及人取得了胜利，因为他们使用的是桨船，比“海上民族”的帆船更容易掌控，更适合三角洲地带的作战行动。

在那一时期，如同人们普遍流传的那样，希伯来人逃离了埃及，穿越了红海，而希腊人则来到小亚细亚并摧毁了特洛伊城。

约公元前700年，小亚细亚的希腊人建成了米利都港，在那里，他们又研制出了令人望而生畏的新式战船——三列桨战船。这是一种既有帆又有桨的战船，长可达35米，宽可达6米，船桨分为三层，共有170个桨手，还有军官和士兵，以便展开接舷近战。所有船员均为自由公民。战船的船首吃水线处有一个铜质冲角，用于撞击敌船。有了这种船，海岸地区和商船队的安全得到了保障，士兵的输送也因此成为可能。海战时采用的基本战术有：突破术（diekplous，一艘战船率先冲破敌线，其他战船紧随其后展开攻击）和包抄术

（periplous，绕到敌船侧方或后翼，用船首冲角进行撞击）。

当时的米利都掌控着地中海，在黑海海岸直至亚速海一带建立了近 80 个殖民地。这个城邦中也陆续出现了许多博学之士。第一位智者泰勒斯（约前 625—前 550 年）认为地球是一个圆盘，漂浮在无边无际的大海之上。阿那克西曼德（约前 610—前 546 年）认为地球是一个由水组成的圆柱体，被陆地覆盖。他的学生阿那克西美尼（约前 585—前 525 年）认为地球是被海洋包围、漂浮在宇宙空间中的圆盘。如今人们普遍认同的观点——地球是一个球体，且主要由水组成——是公元前 6 世纪由毕达哥拉斯学派率先提出的。泰勒斯认为水是最基本的元素，物质主要由水组成，生命也来源于水。他认为世界的本原是水，而同学派的其他学者则认为世界本原是气或者火。

起初，埃及人雇用这些“海上民族”做外籍士兵。公元前 600 年前后，法老尼科二世将腓尼基外籍士兵派遣至现在的直布罗陀海峡（希腊人称作“赫拉克勒斯之柱”）以外的地方，雄心勃勃地想让他们沿非洲大陆绕行一周再返回埃及。根据希罗多德之后的描述，这项计划似乎在 20 年后圆满完成了。而真实的情况是，尼科二世的确组织了一次海上探险，但这次航行并不是环绕非洲大陆，而是前往红海，并且止于索马里海岸附近。那一时期，来自米利都的水手也很可能越过直布罗陀海峡，在今天的塞内加尔境内建立了贸易区。根据后来柏拉图的记述，这些海员对大西洋，至少是索维拉和斯堪的纳维亚之间的大西洋海域，已经有了充分的了解。

与此同时，另一个来自埃及和迦南、原本具备游牧特性的民族，在犹地亚地区安家落户。他们与两个“海上民族”为邻，地理位置更靠近内陆。他们决意不去海上发展，只依靠与希腊人及腓尼基人的贸易活动维持生存。他们就是犹太人。

然而，在犹太人的历史和宇宙观中，海洋仍然是一个重要元素。他们的神圣经典《摩西五经》中有关世界本原的描述与本书提到的最新科学假说惊人地相似。根据《摩西五经》的描述，水自宇宙诞生之初就存在，甚至先于地球而存在。（《创世记》开篇这样写道：“起初神创造天地。地是空虚混沌，渊面黑暗；神的灵运行在水面上。”）上帝第二天创造了大地，第三天创造了海洋，第五天创造了海洋生物，第六天创造了人。这完全就是今天科学推理的生命诞生顺序。

对于犹太人而言，水既是生命的源泉，又是致命的威胁。上帝总会在海上或是借助大海显示神威，这在许多故事中都有体现。例如大洪水的故事（挪亚在方舟里逃过一劫，与希腊神话中的大洪水类似），上帝将红海一分为二辟出通道的故事（喻指人类的解放）和约拿的故事（水手们的祈祷也无法平息猛烈的暴风雨，直到约拿被扔到海里继而被上帝派来的大鱼吞下才风平浪静。约拿在鱼肚里虔诚悔过，三天后上帝吩咐大鱼将约拿吐出，他才重获新生）。总而言之，大海是人类接受神考验的场所，只有通过考验才能获得自由。大海也是危机四伏之处，那里住着《圣经》中描述的最邪恶的魔鬼——利维坦。

希伯来人不谙水性，也无意建造大型港口。大海对希伯来人而言，就是其他民族的王国。他们把地中海称为“西海”（《申命记》1: 24）、“非利士海”（《出埃及记》23: 31）、“大海”（《民数记》34: 6—7），又或者只是简单地称其为“海”（《列王纪上》5: 9）。

在这一时期，犹太人与希腊人之间的交流比他们自己宣称的要频繁得多。穿梭于地中海的船只，将大量拉比和哲学家从米利都载至推罗。这些文化交流很快就催生了具有普世意义的学说，这些学说随即在西方世界乃至全人类中广为流传。

而当犹太民族为了生存、贸易以及保持信仰不得不开始航行之后，海洋对他们而言同样变成了重要的工具。

迦太基人、希腊人与波斯人的地中海之争

同一时期，一股新的势力出现在地中海东西两岸，与波斯人和希腊人争夺海洋的控制权，他们就是迦太基人。

公元前 810 年左右，离开推罗后的腓尼基人于现在的突

尼斯市郊建设起迦太基港口[1]。约公元前500年，这座新港才真正兴旺起来。他们的船队非常庞大，很快就拥有了地中海最先进的船只，这些船只可以快速运送大批牲畜。迦太基人沿着海岸航行，因此几乎不会有海难风险。他们就这样控制了西西里岛、科西嘉岛和撒丁岛；他们与埃及人、伊特鲁里亚人和希腊人进行商贸活动，并且将突尼斯的小麦和红酒、来自非洲沙漠商队的黄金和象牙、伊比利亚半岛的银和铁，以及布列塔尼的锡转手卖出。迦太基的探险者在海上的足迹一直延伸至西属加那利群岛和佛得角群岛。

随着小亚细亚的希腊城市和腓尼基港口的衰落，波斯帝国轻而易举地就将他们的沿海城市收入囊中。就这样，公元前 517 年，希斯塔斯普之子大流士一世在历经无数谋杀与战争，掌控巴比伦后，便亟须获得入海口从而掌控地中海。他攻占了赫勒斯滂和博斯普鲁斯两个战略地位较高的海峡，以及占据爱琴海与黑海间海路运输要道的拜占庭新港。而后，大流士一世又占领了萨摩斯岛部分地区和塞浦路斯全境。

公元前 5 世纪伊始，希腊人为躲避波斯人的战火离开了小亚细亚，将重心转移至伯罗奔尼撒。他们将雅典发展为核心城市，并在比雷埃夫斯建成了第一座港口。他们的城邦依然保持着原有的独立性：雅典、斯巴达、德尔斐、科林斯都

[1] 从此，这些人被称为迦太基人。——编者注

有各自的商业船队和海军战队，并拥有越来越强大的有桨帆船，其中也包括了三列桨战船。凭借在拉夫里奥地区发现的银矿，塞米斯托克利斯将军才得以于公元前 483 年下令在雅典建造这些新战船。

雅典的权力范围随后延伸至整个希腊世界。由于雅典人的饮食依赖进口，他们必须确保地中海东部食品贸易的安全。为了能让色雷斯、西西里岛和埃及运来的小麦顺利抵达雅典，他们会派出一支由数百艘三列桨战船组成的海军战队，为商船一路护航。

大流士一世于公元前 486 年逝世，其子薛西斯一世（阿契美尼德王朝创建者居鲁士二世的外孙）夺取了埃及，并重拾其父攻打希腊的雄心。薛西斯一世向雅典人发动进攻，同时袭击与雅典结盟的其他希腊城邦。起初，他在陆地上的温泉关战役中占据了优势，这场战役发生在公元前 480 年 4 月 10 日，斯巴达国王列奥尼达一世在战争中殒命。就这样，波斯人摧毁了雅典城，居民们纷纷逃亡。为了彻底击败希腊人并从海上进攻伯罗奔尼撒，波斯人派出了至少 600 艘战船，而与之对决的希腊城邦联盟总共仅有约 350 艘战船。公元前 480 年 9 月，双方舰队于萨拉米斯海湾展开对峙。塞米斯托克利斯将军指挥的希腊船队虽然在数量上缺乏优势，却凭借有利的风向得以正面直击敌军。过于狭窄的海峡也使波斯人的战船彼此阻碍，难以施展调动。而相比之下，希腊人的三

萨拉米斯湾海战与三列桨战船

图为英国插画家沃尔特·克兰（1845—1915年）绘制的童书插图，展现了萨拉米斯海战中，希腊的三列桨战船利用船首冲撞击沉波斯战船的场景

列桨战船速度更快，更适应狭窄水域空间，也更便于调转方向从侧方撞击敌船，因此取得了最终胜利。这场起初并不具备优势的胜仗拯救了整个希腊世界，其本身也成为海战史上以少胜多的巅峰案例。

战败后，薛西斯撤退至波斯波利斯，放弃了与雅典人争夺地中海东部控制权的念头，并恢复了小亚细亚地区希腊城邦的自由地位。

曾被波斯人摧毁的雅典城，又重现昔日的辉煌，成为地中海东部最强大的城邦。在比雷埃夫斯港和康塔尔港从事大宗买卖的商人发明了名为“诺帝克”（nautique）的海事贷款，为商品的采购和运输提供资金，一旦发生海难，全部损失都由债权人承担。而在中国，几个世纪前就已经出现了共担风险的商业运作模式。

希腊人的航海知识迅速丰富起来。传说在公元前4世纪，亚里士多德尚未成为亚历山大大帝的教师之时，他生活在海岛上，通过观察船只从港口驶出的过程——渐行渐远，最终消失在海平线上——得出地球是圆的这一结论，并估算出地球的周长约74 000千米（约为地球实际周长的两倍）。希腊人对海洋的命名——“大西洋”（Atlantique）——源于用双肩支撑天空的大力神阿特拉斯（Atlas），因为希腊人认为他住在赫拉克勒斯之柱（直布罗陀海峡）外部的海洋中。

除去公元前667年建立的拜占庭港口，地中海沿岸的港口还有公元前 660 年兴建的威尼斯港、公元前 753 年落成的罗马港（起先由希腊人和腓尼基人掌控）和公元前 335 年所建的奥斯蒂亚港。

公元前 323 年，随着马其顿征服者亚历山大大帝在前往印度的征途（几乎全为陆路）中殒命，希腊人掌权的时代画上了句号。然而，作为一位帝王，亚历山大并没有忽视海洋的重要性。在逝世前一年，他还下令在埃及的地中海沿岸设立一个新的港口——亚历山大港，同时还修建了堤坝和人类历史上最早的灯塔。这仿佛在告诉人们，他为自己未曾在海洋上展开军事征服活动而感到遗憾。

亚历山大港迅速成为地中海东岸的第一个商业港口。自公元前 323 年起，从亚历山大大帝那里继承了埃及地区的托勒密及其所创王朝的历代帝王，将亚历山大这座港口城市发展成了帝国的文化与商业中心。他们在这里建立了一座大型图书馆，所有在港口停泊的船只上发现的书籍都会被充公并纳入馆藏，归还给物主的仅仅是图书的复刻本。与世界上其他地方相比，科学在这里得到了更为迅速的发展。公元前 280 年，在亚历山大港，一位来自萨摩斯岛的名叫阿利斯塔克的希腊天文学家提出新的论断：太阳位于地球所处的天体系统中心。也正是在亚历山大港，希帕克首创了标记天体的星图，随后由托勒密加以完善。托勒密也正是在观察到亚历山大港的离港船只最终会在海平线上消失后，提出了海平面是球形的科学依据。

罗马人与迦太基人争夺地中海

当希腊人也逐渐退出历史舞台后，两股新的海上势力开始了对地中海控制权的争夺。这场争夺缘于内陆地区对海外商品的迫切需求。因为，只有在那些农业资源匮乏的国度，海洋才真正具备重要性。

罗马这个新兴国家的人口迅速增长至一百万，并且早在公元前 3 世纪初就意识到了海上贸易的重要性：它关乎罗马人的生死存亡。因为他们不仅要养活陆地上的罗马人，还要为远航海外的军团供应食物。对于出海远航的船员们来说，盐极为重要，因为它能长时间保存食物。罗马人的许多征服活动都可以被解释为是在寻找盐矿或盐沼，他们由此将蒸发制盐的技术传播到各处。

罗马人用了一个世纪的时间，终于掌握了地中海的控制权。他们的战船（包括三列桨战船和四列桨战船）有 500 余艘，船上的士兵人数达 12 万。将这片海域命名为地中海（意为“陆地之间的海”）的也正是罗马人。奥斯蒂亚成了最具创新性的港口。在那里，人们逐渐开始运用水工混凝土建造堤岸。制造混凝土会用到采沙场或海里的沙子，沙子很快被用于建造各种类型的建筑。

为了维护和平，罗马迫使当时已无力自卫的希腊各城邦签署联盟协定，其中包括限制各城邦战船数量和活动范围的“海军条款”。没有了船队，希腊人就只能任凭罗马人摆布，连温饱都无法自理。

相邻的迦太基则成了罗马的对手，它将统治范围扩展到了北非的其他腓尼基城邦。由于迦太基位处战略要地，又属天然良港，可以同时容纳 220 艘船。迦太基船队当时拥有多种战船：二十桨战船、三十桨战船、五十桨战船、双桅横帆船和轻型战船，当然，还有与罗马一样的三列桨战船、四列桨战船和五列桨战船。

迦太基在各个领域与罗马展开竞争，并切断其食物来源。罗马决心消灭劲敌，于是派出两路部队讨伐迦太基，一路途经伊比利亚半岛，另一路直接从海上出发。

迦太基人先是在西西里岛海岸展开的第一次布匿战争（前 264—前 241 年）中，首次被罗马军队击败，随后又在科西嘉岛、撒丁岛等无数次海上交锋中败于罗马人之手。最终的海上征服者是罗马将军西庇阿，他登陆了非洲，并于公元前 202 年在如今突尼斯西北部的扎马击败了汉尼拔（第二次布匿战争）。

公元前 196 年，为了完全掌握对地中海的控制权，罗马军队打败了最后一个希腊人王国——马其顿，并强令国王腓力五世交出所有战船。最后，随着公元前 188 年《阿帕梅亚条约》的签订，塞琉古国王安条克三世只能保留一支仅有十艘战船的舰队，其他所有战船都被迫交予罗马。

公元前 149 年，罗马元老院决定了结迦太基城，派步兵从西班牙围攻这座城市。公元前 146 年，迦太基城灰飞烟灭。同年，科林斯城也被夷为平地。

在解除敌人的武装后，罗马便觉得不必再关注海洋，于是只保留了规模很小的海军舰队。

公元前 75 年，由于罗马海军战舰不足，盘踞在北非的海盗展开猛烈攻势，严重干扰了人口稠密的亚平宁半岛的农产品进口。公元前 70 年，罗马当权者重新组建海军舰队，下令让庞培将军消灭海盗，并为其配备了前所未有的超强兵力：500 艘战舰、12 万士兵以及 5 000 匹战马。庞培有条不紊地将地中海划分为 13 个海域，并派兵团登上船首有铜制冲角的加莱船，驱逐了躲避到土耳其南部，尤其是阿拉尼亚地区科拉凯西乌姆的海盗。约公元前 67 年，罗马歼灭了所有海盗。

公元前 46 年，罗马军队凯旋之时，战神恺撒在竞技活动中增加了一种新的剧目——海战剧。他们先在台伯河附近挖出一个巨大的水池，然后由 2 000 名战士登上真正的、并非道具的战船（有双列桨战船、三列桨战船和四列桨战船，划桨手共 4 000 名）并展开搏斗。

两年后，也就是公元前 44 年，恺撒遇刺。王位继承问题与罗马的未来，再次于茫茫大海上见分晓。屋大维、雷必达和马克·安东尼这三位将军先是铲除了刺杀恺撒的阴谋集团，随后便在三人间展开了帝位争夺战。雷必达遭到流放；马克·安东尼和埃及托勒密王朝的女王克利奥帕特拉一同逃亡，并伺机夺回罗马。而身处罗马的屋大维害怕安东尼会组建一支东方部队与之抗衡，便于公元前31年派出一支舰队，意图消灭安东尼。在亚克兴的科孚岛外海上，共有900艘战舰相互作战。克利奥帕特拉仅仅派出了部分舰队。而屋大维舰队的战船更加先进，将军阿格里帕的战略也很高明。双方力量悬殊，胜负很快便见了分晓。为安东尼指挥舰队的将军们见势不妙，仓皇而逃。安东尼与克利奥帕特拉遂逃往埃及，于次年双双自杀身亡。

这场海战奠定了罗马在接下来三个世纪中对地中海的绝对统治。事实再一次证明，谁主宰了海洋，谁就能主宰陆地。

两年后，屋大维获得了“皇帝”（Imperator）称号，随后又被封为“奥古斯都”，实质上成为第一位罗马皇帝。随后他下令重建迦太基，并将其命名为“科洛尼亚·尤利亚·迦太基”。

在掌权40年后，即公元前2年，距逝世还有16年的奥古斯都令3 000人在台伯河右岸挖出的巨型水池中登上30艘配有冲角的战船，上演两军厮杀的激烈场面，以此作为战神马尔斯的神殿奠基仪式。罗马及其掌权者们依然深深痴迷于大海。

亚克兴海战

公元前31年爆发的亚克兴海战，实际上是以屋大维为首的西方文明与以安东尼为首的东方帝国的较量。屋大维的胜利使埃及从一个独立的国家降格为罗马帝国的行省，从而确立起了罗马环地中海的辽阔版图

用桨与帆开启海上征途

（公元1世纪至18世纪）

谁掌控了海洋，谁就掌控了贸易。

谁掌控了贸易，谁就掌控了世界。

——沃尔特·雷利爵士，1595年

自公元元年直至18世纪末，人类都一直像6万年前一样，只能依靠人力和风力，凭借桨和帆在海上航行。

这18个世纪中，总体而言，在经济、政治、社会和文化上，真正的权力大部分依然属于能够掌控海洋与港口的人，虽然人们在讲述历史时总是会忽略海洋，并且一味推崇包括法国在内的那些人们臆想中的陆上强国。一旦失去对海洋与港口的掌控，强大的帝国就难逃衰落的厄运。所有的战争及地缘政治都应当以这种方式去解读，而不是像人们常做的那样——研究稳固帝国之间的对立关系，或是步兵、骑兵在世界平原上的位移。

也正是在海上，或者说是为了进行海上航行，才产生了后来改变人类社会（甚至是农业化程度最高的那些社会）的大部分创新。思想的传播、商品的流通、竞争的出现、社会分工的形成都得益于海上交通。商船的安全也由海上舰队加以保障。

这 18 个世纪中，占据主导地位的国家都还是分布在中国沿海、地中海和波斯湾沿岸。随着技术的进步，船只规模更大，安全系数更高，航行中也能更加高效地利用风能。与此同时，权力的重心也逐渐转移至大西洋沿岸。

中国拒海自封

公元之初，中国仍然具备主宰世界的所有条件：它拥有漫长的海岸线，广阔的内陆，还有超乎其他各国的众多人口（总数约 6 000 万，占全球人口的三分之一）。中国的农业、手工业和航海业不断推陈出新，技术水平居世界领先地位。它也是最早扬帆出海的国家之一，甚至早在数千年前就率先开启了探索周边海域及岛屿之旅。整个世界原本都可以臣服于其灿烂文化与强大势力之下，即使这个世界并非中国人所想象的那样天圆地方、四面环海。

但是中国却并不渴望享有主宰世界的权力。因为在中国人眼中，不论从海洋还是陆地疆域来看，外部世界都没什么可传入的东西，更谈不上好坏了。于是，这个帝国专注于西部疆界的防守，而忽视了海洋——他们将海洋视作天然屏障。随后，中国就这样生活在封闭的圈子里，很少接待外国来访者，也很少接受来自别国的新奇物品。连极少数的对外贸易都全部由外国商人主导，他们主要进口珍珠、宝石等奢侈品。

中国这种发展模式完全可行，因为它与地中海的那些强国不同，它拥有广袤的土地、丰富的农业资源，能够自给自足而不依赖进口。这样的模式为它迎来了太平盛世：在公元后的 10 个世纪甚至更长的时期内，中国人的平均生活水平一直高于欧洲人。

公元 200 年，汉献帝试图征讨南方，收复失地。他命曹操组建一支强大的水军。公元 208 年，这支水军奉命夺回南下必经之地——长江——的控制权。为避免水流颠簸，曹操下令将各船首尾相接。南方水军驶出火船，冲向敌船。曹操水军几乎全军覆没。此次水战后，东汉最后一位皇帝被迫于公元 220 年让位，中国进入了漫长的北魏、西蜀、东吴三国鼎立时期。

直至公元 265 年晋朝建立，中国才又开始了脆弱的统一，这一事业最终在公元 280 年被司马炎完成。

自公元 300 年起，西晋皇帝开始派出中国船队探索周边海域，但他们无意发展贸易。船队中有中国船只也有外国船只，它们载着中国的官员与探险者，凭借风帆和船桨跨越印度洋。大约公元 350 年，中国探险者来到了马来西亚，约公元 400 年到达了锡兰，随后又行至幼发拉底河。一个世纪后，他们的身影出现在台湾岛、苏门答腊及越南沿岸。

那时，中国的港口，如南方的广州港及其北部的一些港口，会接待少量外国商人，但中国始终没有自己的海军舰队。中国商人与官员出行时乘坐的多半是扶南国的船只。扶南国，这东南亚的第一个王国，统一了越南南部、柬埔寨南部和泰国南部。扶南国人善于经商，他们在湄公河三角洲开垦了农田，定都湄公河附近的吴哥波雷，并在那里开凿了一系列运河以连通暹罗湾。他们的喔吠港坐落于暹罗湾，与中国、印度尼西亚、波斯和罗马通商。

中国开启海上之旅

自公元 581 年起统治中国的隋朝于 618 年灭亡，取而代之的，是深知海洋重要性的唐朝。唐朝皇帝在广州设立市舶使，总管海路邦交与贸易。很快，来自阿拉伯、波斯、南亚和东南亚的 20 万外国商人进驻了广州。他们在中国南方、日本、苏门答腊、爪哇和菲律宾展开了贸易。那时，广州已经可以建造巨型帆船，也有中国水手掌舵，载着中国商人扬帆破浪。大约在公元8世纪，天文学家僧一行从中国北部航行至今天的越南，进行天文大地测量。

公元907年，唐朝灭亡，中国再次进入混乱与分裂的时代。瘟疫横行，战乱频发，饥荒肆虐。到公元950年，中国人口达到3 000万后便不再增长。直到公元960年宋朝第一位皇帝宋太祖登上历史舞台，中国才又开始了统一进程。至此，中国一直以开放的态度面对海洋，航海方面的发明创造更是层出不穷。11世纪，中国人发明了平衡舵，它通过船尾的铰链（船体的一部分）固定在船的后部，使船只更容易被操纵和转向。许多文献还显示，那时的中国还出现了一个新的航海工具——利用磁针指示方向的指南针。

随着1115年金朝的建立，金、宋形成南北对峙，中国再次陷入分裂。双方都不断遭到草原游牧民族的袭击。

宋朝重启了海上发展之路。他们建造远洋帆船，最大的船最多可以承载1 250吨货物和500人。宋朝最大的两个港口是位于上海南边的明州港（今宁波）和广州港。明州与高丽及印度洋上的国家交流频繁，广州则尤其与爪哇诸国往来密切。

为了保护海上之路，南宋政府于1132年设立沿海制置司，这是中国历史上第一个独立的海军衙门。

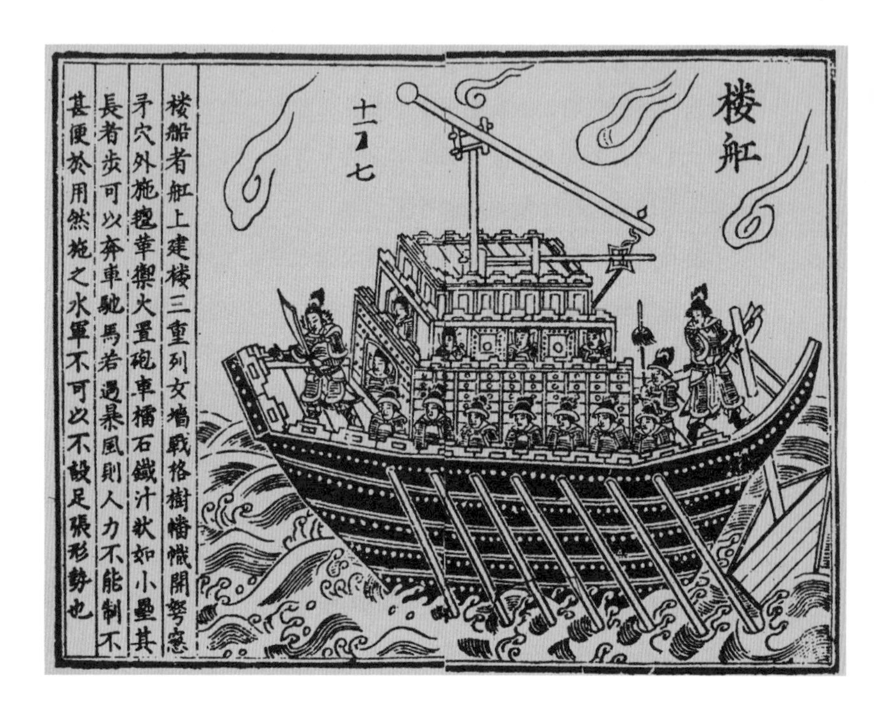

《武经总要》中的宋朝“楼船”

中国第一部官方编修的兵书《武经总要》成书于11世纪，宋仁宗为重振武备，命文臣曾公亮、丁度等人编撰，书中专设“水战”篇讲述水上作战。图中的“楼船”还装备有“炮车”和“擂石”，展现了宋朝水军丰富的战斗经验

12世纪时，中国周边海域出现了一些新兴势力，尤其是来自苏门答腊东南部的室利佛逝。当时，这个拥有500多年历史的王国已经成为连接阿拉伯半岛、印度和中国海上之路的重要商站，这一地位的确立使其将霸权延伸至整个苏门答腊岛及马来半岛南部地区，并控制了战略价值极高的马六甲海峡。室利佛逝定都于巴领旁（又称巨港），这一位于苏门答腊岛的港口城市连接着印度与中国，它巨大的仓库中存储着所有等待出口的商品（小麦、木材或铁矿石），过境商品的价格也由它来制定。公元1000年左右，室利佛逝王国的版图扩张到了婆罗洲和爪哇北部地区，它在接下来的500年里掌控了整个南亚的海上贸易。那时，室利佛逝的航海、贸易及金融实力超越其他任何港口，包括同时期欧洲三大港：布鲁日、热那亚和威尼斯。

而巴领旁作为几个世纪以来的世界经济中心，却鲜为西方史书所提及。

海上实力最雄厚的沙漠王朝

接下来，中国人两千多年的忧虑终于变成现实：一支来自今蒙古哈拉和林的游牧部落在经历多次失败后，成功入侵中原。1206年，成吉思汗将蒙古人集合起来。当时的骑兵部队中，战马就有20万匹，骆驼数量则更多。从黑海到太平洋，一路都有他们的驿站。1234 年，蒙古人征服了中国北方。而后他们建立元朝，定都大都，即今天的北京。

1260 年，成吉思汗之孙忽必烈即位。与其兄蒙哥汗截然不同的是，忽必烈被海洋神奇的魅力所吸引。主宰了沙漠的他，也想成为海洋的主宰者。1279 年，他控制了中国南方地区，将宋朝海军和中国沿海的造船厂收入囊中。于是，元朝便拥有了当时世界上最大的海军舰队，战舰多达 9 900 艘。

1281 年 5 月，忽必烈派出 4 200 余艘战舰和 14 万兵士向日本沿岸发起进攻。1281 年 6 月，他们又试图在九州岛最北端的博多登陆，但因日军堡垒森严，无功而返。8 月 12 日，蒙古舰队眼看就要到达博多南部伊万里湾的高岛，但日军顽强抵抗，最终他们又一次与胜利失之交臂。8 月 13 日晚，海上吹起了猛烈的台风（日本人称之为“神风”），蒙古舰队几乎全军覆没。此后，蒙元再未对日本发动进攻。

1294 年，忽必烈逝世，白莲教等佛教团体纷纷组织起义，蒙古人的帝国也逐渐分裂为四大汗国。

明朝年间，中国再次拒海自封

不到一个世纪后的 1368 年，元朝被推翻，取而代之的是明朝。明朝政府将政治中心南移，定都南京。它一心想要收复南方失地，打击栖身于中国周边岛屿的中日海盗。

1371 年，明太祖朱元璋如同千年以前的汉朝皇帝一样，认为要想免遭海盗侵犯，最好的办法就是不去海上航行。于是，他颁布了海禁令（禁止私人船只出海）。这一禁止海上贸易的政令导致宁波港和广州港那些始建于宋朝的商行纷纷破产。中国沿海居民日益贫困，明朝国库亏空，官员腐败，走私成风。通货膨胀也日益严重，南方地区起义频发。

海上贸易虽遭禁止，但明朝皇家海军的航海活动依然不断，并在永乐年间的 1405 年达到巅峰。永乐皇帝任命宦官郑和（他是被明军俘虏的显贵之子，也是一位穆斯林）为总兵正使，令其带领 3 万兵士，乘坐 70 艘 40 余米长的 9 桅巨型帆船下西洋。船队从今天的南京出发，去往斯里兰卡、印度尼西亚、肯尼亚和澳大利亚。值得一提的是，郑和是第一个驶入红海的中国航海家。1414 年（第四次下西洋后），他将沿途各地的奇珍异宝也带回了中国，如象牙、斑马、鸵鸟、单峰驼，还有麻林国（今肯尼亚）的长颈鹿[1]……却没有带回任何商品。自 1405 年起，郑和七下西洋，直至 1433 年在途中病逝。

1435 年起，面对蒙古人残余势力的进攻，明朝皇帝不得不终止海上巡游活动转而壮大陆军力量。于是，中国再次弃

[1] 中国史料中记载为“麒麟”，据学者推测应当是长颈鹿。——编者注

明 沈度《瑞应麒麟图》(佚名摹本)
明朝永乐十二年(1414年)郑和下西洋时，榜葛剌(今孟加拉国)进贡麒麟(长颈鹿)，时人沈度据此绘制了《瑞应麒麟图》。据载郑和下西洋期间，进贡麒麟的事例就有七次

海而去。这一次，中国海的控制权不再只是落入海盗之手，还有新的势力对此虎视眈眈，那就是欧洲人。彼时，他们正在筹备力量，很快便将势力范围伸入亚洲，来到被中国人主动放弃的空荡大海上。

欧洲的时代来临了。

地中海见证罗马帝国海上霸权的衰落

公元之初的地中海沿岸地区（除了法国）如同两千年前一样，人们的生活都倚赖于海洋。究其原因，乃是这些地区的人民与中国人不同，他们无法在内陆地区生产出充足的生活必需品。

公元70年耶路撒冷遭受彻底毁灭后，犹太人散落在世界各地。犹太人团体之所以能够幸存下来，归根结底得益于海洋。因为，如果没有海洋，分散在各地的犹太人只有在他们无休止地讨论《摩西律法》该如何应用于新情况的时候才能保持整体性及其独特的身份认同。没有海洋，没有船只，没有往来于伊比利亚半岛、摩洛哥、埃及、美索不达米亚、高加索、克里米亚、西班牙和波斯湾的那些运送商品、传递消息的商人，犹太人或许就无法在第二圣殿毁灭后得以幸存。他们在激烈讨论犹太法典规定准则的同时，也在海上开展各种贸易，交易纺织品、染料、香水、金、银和铜。虽然巴比伦以及后来的巴格达这两个临河而建的以色列都城都为犹太人的幸存提供过便利，但犹太人之所以能够长久地安稳生活，还是要归功于地中海。

地中海也为基督教的诞生提供了基本条件。扫罗（后改名为保罗）正是通过乘船跨海才得以四处传教布道，他曾登上过不同的船只：有埃及的商船，也有许多罗马船只。他起先只是往返于今天土耳其的米尔特和希腊克里特岛之间的海域，随后他的足迹逐渐延伸到安条克、塞浦路斯、裴尔塞、雅典、科林斯、以弗所、塞萨雷和罗马。继保罗之后，彼得和其他传教士也纷纷效仿。基督教传至布列塔尼和爱尔兰，后又传至法兰西岛和德国，这些也都是通过海路得以实现。

于是，水和海也跻身于基督教象征符号之列。《启示录》中这样写道："我又看见一个新天新地。因为先前的天地已经过去了，海也不再有了。"这些最早的基督教徒，与先于他们的古希腊人和古埃及人一样，对于地球是球体这一观点不再持怀疑态度。

罗马帝国对海洋的痴迷依旧不减：罗马皇帝尼禄（公元57年）、提图斯（公元80年）、图密善（公元85年和89年）都举办了大型海战剧的演出活动，其中一些海战剧还在灌满水的竞技场里上演。

3世纪中叶，新的势力涌入了地中海海域。

公元242年，一个诞生于黑海岸边的哥特王国攻占了丝绸之路上的重要枢纽——克里米亚。罗马通往波斯和中国的陆上之路由此被切断。公元 253 年，波斯国王沙普尔一世夺走了罗马的安条克港。这一回，罗马与东方的海路联系也被生生割断。罗马就这样在陆路与海路上同时失去了众多产品的大部分供给来源，这些产品包括丝、麻、棉、珠宝（钻石、绿松石、蓝宝石、玛瑙）、油和豆蔻、桂皮等香料。

公元 285 年，罗马皇帝戴克里先认为一个政府难以单独管理帝国过于辽阔的疆域，于是将帝国分为东西两部，分别交予两位执政官管理。不久后，君士坦丁于公元 308 年获得罗马帝国西部的奥古斯都（皇帝）称号，公元 311 年又获得帝国东部的奥古斯都称号。他在腓尼基重新组建了海军，并于公元324年9月18日在克里索波利斯大败劲敌李锡尼[1]后，重新将东西罗马帝国合二为一。公元 330 年，深信自身权力已经稳固的君士坦丁开始推崇基督教，以自己的名字将拜占庭重新命名为君士坦丁堡（今伊斯坦布尔），并将其建设成输送士兵的重要军事港口。罗马帝国的勇士就从这里出发奔赴战场，与波斯人以及黑海沿岸的游牧民族厮杀搏斗。

公元 361 年，不信基督教的罗马皇帝尤利安试图派遣舰队夺回丝绸之路的控制权。公元 362 年，尤利安在安条克驻军，准备攻打沙普尔二世统治下的波斯帝国。公元 363 年，

[1]“四帝共治”时期罗马帝国东部的皇帝（308—324 年在位）。——译者注

尤利安遇刺身亡，罗马帝国在经历了极度短暂的宗教转向后，又恢复了基督教信仰。

公元 395 年，狄奥多西大帝的两个儿子，即罗马帝国西部的霍诺留和东部的阿卡狄乌斯，再次将罗马帝国分割成两部分。而这一回，东西两部成了完全独立的两个帝国。

公元428年，汪达尔人（意为“安达卢西亚的伟人水手”）国王盖塞里克出兵征战北非。值得一提的是，这些所谓的“野蛮人”却为航海技术的日臻完善做出了巨大贡献：他们将当时普及的以船壳板为基础的造船术（由外而内，即从船体外壁开始建造船只）改进为以搭建船体肋骨框架为基础的造船术（由内而外，即先搭建船体内部结构，后建船壳板），后者一直沿用至今。公元 435 年，盖塞里克在今摩洛哥境内打败了西罗马帝国的军队，占领了毛里塔尼亚和努米底亚[1]。公元 439 年，他又攻下迦太基，并将那里的罗马舰队收为己有。他吞并了科西嘉、撒丁岛和西西里岛，一直攻至意大利南部，切断了罗马最后的供给线。公元 455 年，他的舰队长驱直入台伯河，一举攻下罗马。于是，他自称“陆地与海洋之王”。自此，罗马帝国权力不再，只剩东罗马尚存一息。

公元 476 年，东罗马皇帝芝诺与完全掌控罗马帝国西部的盖塞里克签订了和约。

---

[1] 罗马时代非洲撒哈拉沙漠以北地区名称。——译者注

罗马帝国曾经依靠海洋建立起来，最终也因为海洋走向灭亡。

伊斯兰教使地中海东部重焕活力

与此同时，伊斯兰教在茫茫沙漠之中诞生。在穆罕默德的眼中，大海是美丽、智慧与力量之源，也是怀疑之源。《古兰经》中有言：“他的迹象之一，是海中山岳一般的船舶。如果他意欲，他就使风静止，而船舶停顿在海面上。对于每个坚忍者、感谢者，其中确有许多迹象。”（《古兰经》第42章第32～33节）另说道：“他制服海洋，以便你们渔取其中的鲜肉，做你们的食品；或采取其中的珠宝，做你们的装饰。你看船舶在其中破浪而行，以便你们寻求他的恩惠，以便你们感谢。”（《古兰经》第16章第14节）

海洋对伊斯兰教的传播也起到了至关重要的作用：阿拉伯半岛直到634年才由先知的得力助手阿布·伯克尔实现了统一；641年，阿姆尔·伊本·阿斯将军攻占了亚历山大港，那里的拜占庭船只也落入其手。下一任哈里发欧麦尔·伊本·哈塔卜却拒斥海上冒险，他说：“我不会让任何一个穆斯林去地中海冒险……我怎么能让将士们在这样凶险残酷的大海上航行呢？”655年，他的继任者奥斯曼哈里发重归海路。奥斯曼向东罗马帝国希拉克略王朝皇帝君士坦斯

希腊火

拜占庭士兵使用青铜制的虹吸管向敌军喷射火焰，左上方写着“罗马舰队点燃了敌人的舰队”。图片出自拜占庭史学家约翰·思利特扎所著《历史概要》的12世纪抄本。希腊火被认为是拜占庭帝国历史延续的关键因素

二世的舰队发起了进攻，与后者的500余艘战舰在今土耳其南部展开了战斗，史称萨瓦里之战，又称“船桅之战”。穆斯林大将军伊本·萨德向拜占庭战舰发起猛烈进攻，他将己方战舰都连在一起，以便保持冲锋阵线，最终摧毁了所有敌舰。为乘胜追击，后一任哈里发自674年开始围攻君士坦丁堡，试图攻下这座城。但信奉基督教的罗马皇帝们重新开始组建海军舰队。很快，他们就配备了德罗蒙战舰。这种战舰长30~50米，可容纳300兵士，却只需要30~40名桨手。舰上装有投射器和火硝（由石灰、硫黄、石脑油和松脂制成），可以利用火器攻击敌舰。这样的武器装备使君士坦丁四世于678年成功摧毁了围攻他4年之久的部分穆斯林舰队，这支舰队余下的所有船只在返回亚历山大港的途中遭遇了暴风雨，于叙利亚外海沉没。

于是，地中海东部再次由拜占庭帝国长期掌控。倭马亚王朝的那些穆斯林哈里发转而进军地中海西部。5世纪，迦太基成了汪达尔人的城市。695年，哈里发的海上舰队攻占了迦太基城，意图将其变成穆斯林的港口，与信奉基督教的君士坦丁堡相抗衡。为此，哈里发从亚历山大港调遣了千余名造船工匠来到迦太基，并在此修建了一座巨大的造船厂。倭马亚王朝的舰队很快就拥有了百余艘战舰，并逐一攻取西西里、撒丁岛和科西嘉。

710年，倭马亚王朝的哈里发命大军统帅塔里克率

18 000 名将士从摩洛哥出发，穿越直布罗陀海峡，从西哥特人手中夺取了伊比利亚半岛。传说塔里克在直布罗陀海峡登陆后，立即下令烧毁船只并告诉所有人："战士们，现在还有哪里可以脱身？身后是大海，面前是敌人，你们毫无退路，只有神赐的虔诚与毅力。" 711 年，塔里克攻下了塞维利亚和卡迪斯。安达卢西亚的海上舰队从卡迪斯出发劫掠西班牙各港口，削弱了西哥特王国的力量，使阿拉伯人于 716 年得以控制今西班牙和葡萄牙的几乎所有领地。随后，由阿拉伯人和柏柏尔人组成的穆斯林军队穿越法国，于 732 年 10 月 23 日抵达普瓦捷后撤退。倭马亚王朝在巴格达被推翻后，阿拔斯王朝取而代之。755 年，倭马亚王朝最后一位幸存者阿卜杜勒·拉赫曼逃至马格里布，在安达卢西亚建立了政权。而阿拔斯王朝似乎并不想建设常备海军。

844 年，新上任的埃米尔（总督）阿卜杜勒·拉赫曼二世在遭遇来自北方的突袭后，不得不组建起强大的海军。860 年，拉赫曼二世的战场一直延伸至意大利西部和普罗旺斯。他还建立了一支海上商队，一直航行至马格里布，在那里兴建了提奈斯和奥兰两大港口。

909 年，乌拜杜拉·马赫迪在今天的卡比利亚一带将柏柏尔人的部落集结起来，攻占了苏萨、突尼斯城、的黎波里，并在那里建立了一个新的王朝——法蒂玛王朝。969 年，法蒂玛王朝夺取了埃及，并建立开罗城。这座城市后来成为穆斯林世界主要的海运中心。而亚历山大港始终是香料、靛蓝染料、胡椒和麝香猫的贸易集中地。

那时的希腊诸岛时常有海盗出没。法蒂玛王朝的这支强大地中海舰队为其海上贸易保驾护航，使商船不受海盗的侵扰。

就这样，在千年之交，拜占庭和法蒂玛两大王朝一同控制着地中海东部；倭马亚王朝则控制了地中海西部。

地中海由东正教和伊斯兰教掌控的这一局面迫使以日耳曼人和法兰克人为首的欧洲天主教势力向北部内陆地区迁移。杰出的比利时历史学家亨利·皮雷纳在《穆罕默德和查理曼》(*Mahomet et Charlemagne*)一书中写道："如果没有伊斯兰教，法兰克帝国可能永远不会存在；如果没有穆罕默德，我们也难以想象查理曼的存在。"其中部分原因要归结于法国和德国淡漠的海洋征服欲，而这一点直至今日仍影响着两国事务。

地中海之上，只有第勒尼安海还在基督教势力控制之下。

伊斯兰世界与拜占庭帝国之间的两大新兴海上势力：威尼斯和热那亚

时至10世纪，威尼斯潟湖内的艰难生活迫使威尼斯（公元前7世纪建成）城中的商人不得不前往地中海东部，尤其是达尔马提亚的沿岸各港口开设贸易点，接下来的两个多世纪都是如此。

自 12 世纪起，威尼斯总督就已经开设造船厂，自行制造船舶。金融机构、交易所、商行、银行和保险公司也纷纷涌现。

威尼斯就这样逐渐掌控了地中海东岸的主要贸易，也成为欧洲大陆（法兰西和日耳曼帝国）与拜占庭帝国、哈里发国家以及亚洲各国商品的贸易中心。

与此同时，在地中海西岸，凭借着托斯卡纳内陆腹地的支持（包括佛罗伦萨及其商人）而兴起的另一个港口城市热那亚，也与君士坦丁堡和阿勒颇建立直接联系，从东方进口黄金、宝石和香料。很快，他们又与西班牙、北非、法国、英国和日耳曼帝国展开了贸易，活动范围远达冰岛。但热那亚人没有任何战舰能够保护商船免遭海盗袭击，因此他们不得不雇用外国的私人战舰，并借助这些雇佣军战舰控制了里窝那、科西嘉和撒丁岛，但他们并未真正掌握海上实权。

与此同时，包括巴塞罗那在内的其他地中海港口城市都与热那亚和威尼斯形成竞争关系，它们也同马格里布、黎凡特、埃及乃至亚洲展开贸易往来。进口商品主要包括糖、香料、木材、象牙和珍珠，出口的产品有佛兰德的呢绒和法国的五金制品。而当时的法国却没有任何港口能够与这些大港相匹敌。

十字军东征与海上霸权：威尼斯的胜利

为了驱逐那些叛逆心最强的贵族领主，实力强大的内陆国家统治者（神圣罗马帝国的皇帝和法兰西国王）遵照教皇的指示，派出他们的精锐部队去收复圣地。这支精锐部队就是“十字军”。十字军的战争动机混杂了信仰、欲望与野心。1096 年，第一次十字军东征揭开序幕，士兵、马匹连同军需物品，从法国向中东进发。1099 年，十字军成功占领耶路撒冷王国，法蒂玛王朝兵败。

热那亚人与威尼斯人发现了潜在的商机。他们建起大型造船厂，制造能够运送士兵与武器的加莱船和纳瓦船（一种多帆战船），以及设有侧门以便运送马匹的特殊船只，提供给十字军。十字军也很乐意租用这些船只——毕竟海路总比陆路安全得多。

一支盎格鲁-佛拉芒舰队和挪威国王兄弟的舰队也前来支援。其他船只则由圣殿骑士团这样的宗教团体专门租赁。1110 年夏，挪威国王西古尔德一世率舰队抵达叙利亚。耶路撒冷的法兰克国王鲍德温一世请求西古尔德一世帮助他夺取一直以来处于法蒂玛王朝统治之下的西顿港。同年 10 月 19 日，他们合力围攻西顿港，最终取得了胜利。

1146 年，即第二次十字军东征期间，欧洲大国将运送十字军战士的任务交付热那亚人和威尼斯人。这些大国为此在热那亚和威尼斯的银行家那里欠下大笔债务，后者则趁机控制了地中海地区的贸易。

12 世纪，继法蒂玛王朝之后，一个新的伊斯兰教王朝——阿尤布王朝诞生了。首任君主萨拉丁生于伊拉克，1169 年起统治埃及，1174 年起统治叙利亚。1184 年，深知海洋重要性的萨拉丁雇用马格里布的水手和海盗攻击前来支援耶路撒冷新国王居伊·德·吕西尼昂的基督教军队。

1187 年，萨拉丁从士气低落的十字军手中夺取了耶路撒冷。1193 年，萨拉丁逝世，经过一番围绕王位继承和领土划分的激烈斗争后，阿德尔最终成为阿尤布帝国的唯一统治者。他认为必须停止圣战，并于 1208 年前后在亚历山大港与威尼斯共和国建立了和平商贸关系。

为了更好地保护海上商道的安全，威尼斯总督请求十字军首领为其夺取扎达尔（今克罗地亚境内）的商品贸易点。作为回报，威尼斯会向十字军提供战舰，协助其攻克阿尤布王朝统治下的埃及，继而解放耶路撒冷。1202 年，十字军攻下扎达尔，威尼斯如约为十字军提供支持。1204 年 4 月 13 日，十字军攻占并洗劫了君士坦丁堡。他们忘记了最初的目标仅仅是攻下耶路撒冷，而不是劫掠基督教王国。

那时，地中海各大港口都制定了各自的法规并聘请法官来解决海上冲突。1266 年，阿拉贡国王海梅一世在巴塞罗那这一地中海重要港口建立了一支法官队伍，为巴塞罗那船主

十字军围攻君士坦丁堡

在威尼斯利益集团主导下，群龙无首的十字军队伍将矛头转向君士坦丁堡，围攻并洗劫了这座城市。这场灾难也彰显了威尼斯海上霸权的本质

们的利益服务，负责“管理、奖赏、惩罚、审判”那些居住在地中海重要沿海城市的加泰罗尼亚公民。法官们将所有的口头判例在巴塞罗那汇总成册，命名为《海商法典》，又称《巴塞罗那法典》。该法典被译成地中海地区通行的各种语言，并对这一地区的其他国家都具有约束力。自诞生之日至17世纪末，它 直都是地中海其他基督教国家编撰海事法的主要参考。

热那亚成为威尼斯最强劲的对手

威尼斯和热那亚的竞争那时已进入白热化阶段。

1284年，热那亚首先战胜了它在地中海上的对手——比萨。这是中世纪最早的大规模海战之一，热那亚派出200艘战船争夺撒丁岛和科西嘉岛，它在里窝那外海上运用的独特海军战术使这场战争成为海战史上的经典案例。

开战前，热那亚人将舰队排成两行，前排有58艘加莱船、8艘潘菲利船（一种来自东方的轻型加莱船），后排有20艘加莱船，两排战船保持着很远的距离，比萨人因此误以为后排船只都是补给船。于是，比萨舰队向前行驶，面对热那亚舰队的前排战船一字排开，准备进攻。不料热那亚舰队的后排战船突然来袭，令比萨人措手不及，最终败给了热那亚人。

1296 年，热那亚人占领了比萨港，切断了比萨与海洋的联系，从而结束了比萨的商业和政治霸权。

大约在 1300 年，热那亚人的战船有了重大改进，他们在原有战船基础上发明了一种新式战船——桑希尔船。原有三列桨战船的桨手座只能容纳一人，而这种船的桨手座能容纳三个人（桨手多为战俘）。三人划一桨，使船速得到很大提升。

与此同时，威尼斯人也开始将其船只改造成战舰。他们在船上安装火炮，并修建塔楼来保证弓箭手的射程。后因塔楼影响船只的稳定性，很快就被艉楼（一种船舶尾部的建筑）取而代之。

如此高度武装后，威尼斯攻克了突尼斯北部诸城，打赢了多场海战。其中，最著名的就是在塞浦路斯大败萨拉丁阿尤布王朝的战役。

大陆帝国对海洋的畏惧：中世纪大瘟疫

1346 年，当法国君主和贵族头一次被十字军挑起对海洋的兴趣时，一场悲剧突然降临。它打乱了一切，让所有的大陆帝国都对海洋充满畏惧。

这一年，蒙古人在中国的势力随着忽必烈的去世而一落千丈。于是他们便转而进攻热那亚人在克里米亚地区的商贸点——卡法。蒙古人战败，却将鼠疫病毒传播到了热那亚人的战船上。战船返回热那亚后，疾病很快在地中海各港口扩散开来。1347 年，君士坦丁堡暴发黑死病，随后热那亚、比萨、威尼斯和马赛也都惨遭不幸。鼠疫蔓延至佛罗伦萨，继而席卷了当时的罗马教皇所在地——阿维尼翁。前往那里朝圣的教徒在各自返回家乡时，也将疾病带到欧洲大陆的各个角落。1348 年 12 月，这场流行病飞速蔓延至加来。6 年间，共有 2 400 万至 4 500 万人死亡，超过当时欧洲人口的三分之一。这场严峻的灾难也成为文学作品关注的主题，薄伽丘自 1350 年起在佛罗伦萨着手写作的《十日谈》就是一个典型的例子。

不知为何，这场瘟疫后来在 1353 年平息下来，到 1360 年又再度来袭。

神圣罗马帝国、法国等大陆帝国的君主和贵族们担心自身性命安危，于是将权力中心北移，以远离传染源。这场灾难的间接影响则是瘟疫造成的农村劳动力稀缺促进了技术的进步与农业现代化发展。

而另一方面，地中海各港口靠海为生的人们别无选择，只能继续接收海上运来的产品。他们会组织人员隔离所有到港船只，在检查确认船上没有携带任何传染源之后，才会允许船只卸货。1377 年，威尼斯人统治下的杜布罗夫尼克率先出台了检验隔离措施。1423 年，威尼斯设立了第一个检疫站，热那亚与马赛也先后在 1467 年和 1526 年效仿。就这样，各个港口控制住疫情，并重新向世界开放。它们保住了自己的权力地位。

波罗的海与大西洋：佛兰德权力之源

在那个时代，波罗的海和大西洋依然是无人问津的海域，那里浪潮汹涌、暴风雨频袭，缺乏有发展前景的腹地，也没有实力雄厚的港口。除此之外，当时的桨船吃水太浅，很难在船上安置炮台。直到帆船技术取得进展后，大西洋上才常有船只往来。

自 8 世纪起，维京人就驾着用于输送士兵的快速帆桨船——诺尔船和龙船开始了远海历险之旅。他们对洋流、星相和鱼群了如指掌。845 年，120 艘维京战船浩浩荡荡驶入塞纳河，与西法兰克士兵两度交战，直击巴黎。巴黎人闻风丧胆，人称“秃头”查理的法国国王以重金换取都城的安全，维京人继而撤离。但在接下来的几十年内，即直至 887 年，他们对巴黎进行了四次围攻，获取了大量赎金。985 年，维京首领“红发”埃里克到达格陵兰岛。1000 年左右，其子莱弗·埃里克松从一位格陵兰航海者的游记中获取了后者在 20 年前航海途中搜集到的信息，凭借这些信息最终到达美洲，确切地说是到了文兰岛（今加拿大纽芬兰岛）上的兰塞奥兹牧草地。或许，他才是第一个发现美洲新大陆的欧洲人。

公元12世纪，鱼类资源尤为丰富的波罗的海成了其沿岸城市与神圣罗马帝国的商品交易场所。而神圣罗马帝国人口众多、内陆富饶，因而始终对海洋毫无兴趣。

在鱼类水产的交易过程中，盐起到了关键作用。人们在波罗的海周边的矿层中发现了盐，便利用这大自然的馈赠对出口前的鱼类进行处理。靠近盐矿、地处波罗的海和易北河之间的吕贝克充分利用了得天独厚的地理条件，在出口鱼类的同时，也引入了俄罗斯的木材和皮毛、挪威的鳕鱼、佛兰德的纺织品等众多进口商品。一些商人沿海开展贸易，活动范围从波罗的海拓展至西班牙，他们甚至还将勃艮第和波尔多的葡萄酒出口至英国。

渐渐地，波罗的海沿岸建起了一些港口。可与此同时，海盗也经常出没，船只遇难事件增多。1152年，针对阿基坦沿海地区，尤其是奥莱龙岛周围船只被劫遇难事件频发的问题，当时的法兰西王后阿基坦女公爵埃莉诺（两年后成为英格兰王后）下令编纂一部海事法典（最早的海事法之一，甚至早于上文中提到的地中海海事法《海商法典》）。该法典在编纂过程中参照罗马法，将几个世纪以来制订的海事规则全部汇集起来。它规定了船长的各项义务和权利：船长在出海前必须征求全体船员的意见（第2条）、检查缆绳；在执行任务的同时也要照顾伤员（第10条）；“船只遇难时，即便

阿基坦的埃莉诺

阿基坦女公爵埃莉诺（约1121—1204年）无疑是这一时期欧洲历史的核心人物之一，她先后成为法国和英国的王后，参加过十字军东征并推动了金雀花王朝的繁荣。阿基坦地区便利的海陆交通和财富势力，无疑是埃莉诺深厚权力的根基

舍弃部分财产也要将船员带回”（第 3 条），维持和平、在船上充任法官的角色（第 12 条）；同时，船长有权处罚擅自离船的船员（第 5 条）；船只在锚地与其他船只碰撞造成的损失由两位船长均摊（第 15 条）；船只遇难所造成的损失由船长与商人共同承担（第 25 条）。然而如此之多的规定，却没有一条涉及船员的工作条件，他们实际上仍然形同奴隶。

布鲁日——第一个欧洲中心

地中海上的船只可以在远离海岸的公海上航行，然而波涛汹涌的大西洋上，船只只能沿着海岸前进。

渐渐地，一些港口在大西洋沿岸兴起，如法国的鲁昂港。维京人和“征服者威廉”都来过这里。鲁昂逐渐发展成联结巴黎与伦敦的贸易枢纽，而随着 1154 年，阿基坦女公爵埃莉诺的第二任丈夫、安茹伯爵兼诺曼底公爵亨利·普朗达日奈登基成为英格兰国王亨利二世，阿基坦一并被纳入英格兰领土，鲁昂也随之成为阿基坦与伦敦的贸易枢纽。

当时，最重要的新兴港口城市当属佛兰德的布鲁日。它直通北海，地理位置绝佳，自 1200 年起便拥有了中世纪欧洲最重要的战略地位。这里幅员辽阔，农业生产增长迅速，出现了社会分工，技术也在不断革新（例如水磨和机械化鞣革工艺的发明）。很快，这里就聚集了外来商人、反叛奴隶和被驱逐出田地的农奴。商人们大量投资，不断提升港口的吸引力。穿城运河上的大规模驳船运输，使得从港口到内陆腹地的货物输送更加便利。布鲁日人还率先在港口配备了起重机。

中国的艉柱舵（用链条固定在船尾的舵）经波斯和波罗的海港口传至布鲁日，使佛拉芒船队成为第一批能够逆风前行的船队。他们在海上一直航行至苏格兰、德意志、意大利、印度和波斯，然后顺利返航。

布鲁日由此成为佛拉芒商船最常停靠的中转站。自1227年起，它甚至也开始欢迎热那亚的商船来此停靠，随后还接纳了威尼斯人的商船。

1241年，吕贝克和汉堡觉察到布鲁日的贸易蒸蒸日上，而它们自己却好像是被遗忘的角落。于是，为了掌控贸易、抵抗海盗并有能力号令其他德意志城邦，这两座城市联合起来建立了名为“汉萨同盟”（意为商业同盟会）的组织，并在吕贝克设立议会。汉萨同盟的成员可不是渔夫。打鱼的是斯堪的纳维亚人，而汉萨同盟的成员们只负责贸易。

14世纪初，加入汉萨同盟的城市已经超过70个，包括在造船业占主导地位的罗斯托克和主导着食盐交易的吕讷堡。该同盟总共拥有1 000艘船只，在卑尔根、伦敦、布鲁日和诺夫哥罗德均设有贸易站点。

1398年，为了避免竞争对手丹麦王国阻隔商船，汉萨同盟修建了斯特克尼兹运河，通过易北河将北海与波罗的海连接了起来。

随着与丹麦的交战、沙皇俄国的扩张，以及其他反对威尼斯占据主导权的佛拉芒商人的崛起，汉萨同盟的势力逐渐遭到削弱。

威尼斯成为商业世界的中心

14 世纪上半叶，布鲁日港口的发展陷入困境。此后，来自北海的商品主要通过纽伦堡和特鲁瓦等陆上大型集市到达南方。贸易中心重新回到了地中海地区。威尼斯成为当时仅次于布鲁日的西欧第二大经济中心。

历任威尼斯总督在国家与船主之间建立起联盟。船主们发明了一种能够抵御袭击的新式商船——加莱商船。这种船只帆桨并用，安全性高，全船各处布有弓箭手和投石手，便于防御。起初，1350 年的加莱商船承载量只有 100 吨，1400 年时已经达到了 300 吨。

加莱商船的足迹遍布欧洲、中东、塞浦路斯、叙利亚、亚历山大港、布鲁日、巴塞罗那、突尼斯和希腊西部。威尼斯人从这些地方进口香料、丝绸和香水。

1432 年，威尼斯拥有 3 000 艘加莱船，其中 300 艘为军用船只。威尼斯总人口 15 万，水手 17 000 名。

15 世纪末，威尼斯的船队实力位居世界第一，民用与军

威尼斯

威尼斯原本是拜占庭帝国的一个附属国，8世纪时逐渐获得自治权。中世纪的威尼斯由于控制了贸易路线而攫取了大量财富。图为马可·波罗从威尼斯出发前往东方

用船只总计近 6 000 艘。这支船队掌控了海洋，也掌控了西方的海上贸易。威尼斯决定着主要商品的价格，操纵着货币的汇率行情，不断积累丰厚的利润。威尼斯的里亚托也成为世界上最早的证券交易场所。

法兰西的首次尝试：海上的百年战争

正当热那亚、维也纳、布鲁日与汉萨同盟之间就权力与资源展开激烈争夺时，两个潜力深厚的大国——法国和英国却在长达百年的战争中耗尽了各自的力量。战争削弱了英法两国最重要的根基，即海上力量。

然而，与一般史书所描述的情况相反，这场战争其实与大多数战争一样，是以海洋为主战场的。当英国人控制了北海，他们就能进攻法国；而当法国人控制北海时，他们就可以将英国人驱逐出国界。

因此，从海洋的角度重新解读这段历史，会别有一番趣味。

13 世纪末，“美男子”腓力四世大概是法国历史上首位理解海洋重要性的君主。他在鲁昂建立了名为“战船之园”的造船厂，建造船只 500 余艘。这是法兰西为发展海上力量而进行的首次尝试。随着英法两国渔民之间发生冲突，法国的第一支海军向英国沿海地区发起进攻。1299 年，两军于蒙特勒伊签署停战协议。1303 年缔结的《巴黎条约》要求英国国王爱德华一世从 1294 年起占领的佛兰德撤军，从而巩固了和平。

1337 年，法国国王腓力六世提出收回自 1154 年埃莉诺成为英国王后起就归属英国的阿基坦公国。英王爱德华三世拒不接受。于是，持续一个多世纪的战争由此拉开序幕。

战争的第一阶段（1340—1360 年），英国掌握了海上的主导权。1340 年，爱德华三世派兵出征法国。法国舰队及其盟友热那亚舰队于斯勒伊斯外海（今隶属荷兰的泽兰省）与英国展开对决。热那亚舰队由加莱船组成，但这种地中海常见的船只并不适合在北海作战。法国舰队也只是将装有塔楼的简易商用帆船——柯克帆船集结起来，且外籍船员在整支队伍中为数过半。而他们面对的英国舰队，其成员都是在大西洋久经风浪的本国专职海员，且装备了真正的战船。共计 400 余艘船只加 4 万余名士兵彼此展开了激战。超过 2 万人在这场海战中丧命，法国和热那亚的大部分船只被摧毁。英国战舰载着士兵和武器装备径直抵达了佛兰德和法国，并在随后的 1356 年于普瓦捷大败法国，俘虏了国王约翰二世。

战争第二阶段（1360—1382 年），法国在海上取得了胜利。1364 年，法国的新国王查理五世命令鲁昂造船厂再次启动造船计划。1377 年，他将一名曾参加过十字军东征的法国军人让·德·维埃纳任命为海军上将，其职位与法国陆军统帅相当。维埃纳袭击了英国南岸的所有港口，封锁了法国北部的英占区，切断了英军的增援路线。他甚至率领 180 艘战舰在苏格兰登陆，但此次行动由于缺乏苏格兰人的支持而以失败告终。自 1381 年起，拒绝向国王缴纳高昂税费作为战争筹款的英国领主纷纷起义。英国人忙于镇压起义，无暇维持在法国的兵力，最终从法国撤军。

第三阶段（1382—1423 年），英国取得了海上胜利。1386 年，法国新任国王查理六世取消了原本的入侵英国计划。两年后，查理六世精神病发作，国家大事由他的弟弟奥尔良公爵和叔父勃艮第公爵共同处理，而勃艮第公爵与英国关系密切。1413 年即位的英国国王亨利五世组建了一支实力强大、作战迅速的海上舰队，这支舰队于 1414 年至 1417 年间摧毁了法国舰队。拉芒什海[1]也由此变成了不列颠海。

第四阶段（1423—1453 年），也是英法战争的最后一个阶段，法国掌握了海上控制权。1423 年，也就是英王亨利五世去世一年后，贝德福德公爵为节省开支卖掉了英国舰队。于是，英国人再也无法向法国输送充足的兵力，从而与圣女贞德和查理七世麾下的法军作战。法军在这种情况下收复了部分东北部领土。圣女贞德虽于 1431 年在当时英军占领的法国最大港口鲁昂被处死，但在她的精神鼓舞之下，查理七世

[1] 法国人称英法之间的海域为拉芒什海，称英吉利海峡为拉芒什海峡。——译者注

顺利取得 1450 年福尔米尼战役的胜利，夺回诺曼底，并在1453 年的卡斯蒂永战役中获胜，成功收复阿基坦。而法国军队之所以能够取得胜利，都是因为英国海军无法向战场输送充足的兵力。

战争结束了。然而，法国并没有从此决定发展海军、建设港口，它就这样放弃了能成为海上强国的第一次机会。接下来的几个世纪中，还有六次这样的机会出现，但法国每次都错失良机。

而英国却吸取了教训，迅速发展海军力量，加强港口建设。于是，伦敦港和临近柴郡盐矿的利物浦港就这样诞生了。

安特卫普：欧洲第三大中心、北海的主宰

1453 年，百年战争结束，英法两国元气大伤，国力消耗殆尽。同年，奥斯曼帝国终于攻占了东罗马帝国的最后一隅——拜占庭。威尼斯从此无缘亚洲市场，它的身影将在历史舞台上消失。而在大西洋上，又崛起了一座新兴之城，它就是安特卫普。

安特卫普物产丰富：羊毛、呢绒、玻璃、金属，绵羊养殖业也很发达。安特卫普的金融交易所是欧洲最早的商业担保中心，并发展出了以白银货币为基础的复杂银行体系。这里的港口也成为大部分欧洲商人的主要基地，他们在这里控

制着从北欧到地中海国家的大部分出口产品（包括木材、鱼类、金属、武器、食盐等）。此外，当地的基础设施水平也在不断提升，以便保存并转运印度的胡椒和印度尼西亚的香料。

随着同时代印刷术的发明，安特卫普推动了最早期便携书本的普及。大出版商克里斯多夫·普朗坦在安特卫普建立印书坊，专门从事书籍的印刷和传播。大部分书籍在印刷完毕后，都会通过海运传遍欧洲。至 1500 年，已有两千万册书籍问世。

与此同时，葡萄牙人正在设计一款新型船只：卡拉维尔帆船。这是一种轻型帆船，船上配备了三角帆、两面方形帆和一面拉丁帆，这使它具有极强的机动性，成为航海旅行的理想工具。葡萄牙与西班牙一样无心从商，将自己的财富都交予热那亚商人管理。他们唯一热衷的就是传教，航海探险也只是为了让更多的人皈依基督教。葡萄牙王国利用安特卫普来发展商业，在那里建立了佛兰德的拉凡特雷仓库，在葡萄牙与北欧的贸易中发挥重要作用。葡萄牙还发展了耶稣会，这一组织担负起探索欧洲以外未知地域的任务。就这样，葡萄牙人开始了对非洲海岸的探索。那时的所有航海图都高度保密，即使船只遇难，航海图也会在铅锤的重力作用下与船只一同沉入海底，绝不会浮出水面被人发现。

卡拉维尔帆船

卡拉维尔帆船是15世纪葡萄牙人在航海家恩里克王子资助下发展出来的小型帆船。它装备的拉丁帆可以同时提升速度与转舵性能，在逆风环境中稳定航行，并被葡萄牙和西班牙航海家普遍用于西非海岸与大西洋的探险

1488年至1498年：世界地理大发现的十年

1481年，教皇颁布了“永恒之主”[1]诏书，宣布葡萄牙在非洲发现的土地均归葡萄牙所有，而以后若再有新发现的土地，葡萄牙只要在这些地区开展传教活动，就可以获得其归属权。

1488年，葡萄牙人巴尔托洛梅乌·迪亚士率领两艘50吨卡拉维尔帆船和一艘补给船绕过非洲最南端。那时，船员们的分工就已经精细化了。在这两艘卡拉维尔船上，有十五六岁的见习水手，也有桅杆手、帆手、管理后勤的军需官，以及医护人员和绘图师。沙漏也开始出现在航海船上，船员们用它来计量一刻钟的时间，并由此推算出船的行驶速度和所处的地理位置。尽管技术进步已经如此之大，但水手在船上的生活仍旧艰难。

那时，绘制航海图成了一门具有重要战略意义的专业。航海图之所以能保持机密状态，也是因为绘图师们可凭此获得优厚的待遇。当时欧洲顶尖的绘图师都在西班牙的马略卡岛，他们大多都是犹太人。

哥伦布发现新大陆时，乘坐的就是卡拉维尔帆船。这位

---

[1] 教皇诏书常以正文首句的前两个词命名。此文首句为“Aeterni regis clementia……”，意为“永恒之主的恩典”。——编者注

热那亚人在信奉天主教的阿拉贡国王和卡斯蒂利亚国王的资助下，率领三艘卡拉维尔船，经过三个月的海上航行，于1492年10月12日到达一处岛屿，距岛屿不远处就是后来被称为美洲的地区，而当时的人们相信这里就是印度。

西班牙人对葡萄牙人表示不满，他们要求获得新发现土地的归属权。1493年5月4日，教皇亚历山大六世颁布题为“关于其他事务”的诏书，宣布以佛得角群岛向西100里格（约合480千米）处为界，西边和南边的新发现土地归西班牙所有，东边的则归葡萄牙所有。

与西班牙人相比，葡萄牙国王若昂二世对航海图可谓了如指掌，这样的分割让他愤愤不平。于是，他与阿拉贡国王斐迪南二世和卡斯蒂利亚女王伊莎贝尔一世直接谈判。1494年，三方签署了《托德西利亚斯条约》，将分割线移至佛得角群岛以西370里格（约合1 790千米）处，分割线以西为西班牙领地，东部则都归葡萄牙所有。如此一来，非洲的土地、印度洋及大洋洲诸岛便从此归属葡萄牙了。6年之后发现的巴西正是这样落入葡萄牙之手。而西班牙人则通过航海探险到达了美洲淘金之地。

1498年，耶稣会会士瓦斯科·达·伽马率领葡萄牙探险队绕过非洲，到达印度半岛，然后继续前行至明朝统治下的中国。达·伽马的探险之旅首次通过海路将明朝的中国与欧洲连接起来，而二者之间虽然还保有陆上丝绸之路，但这条

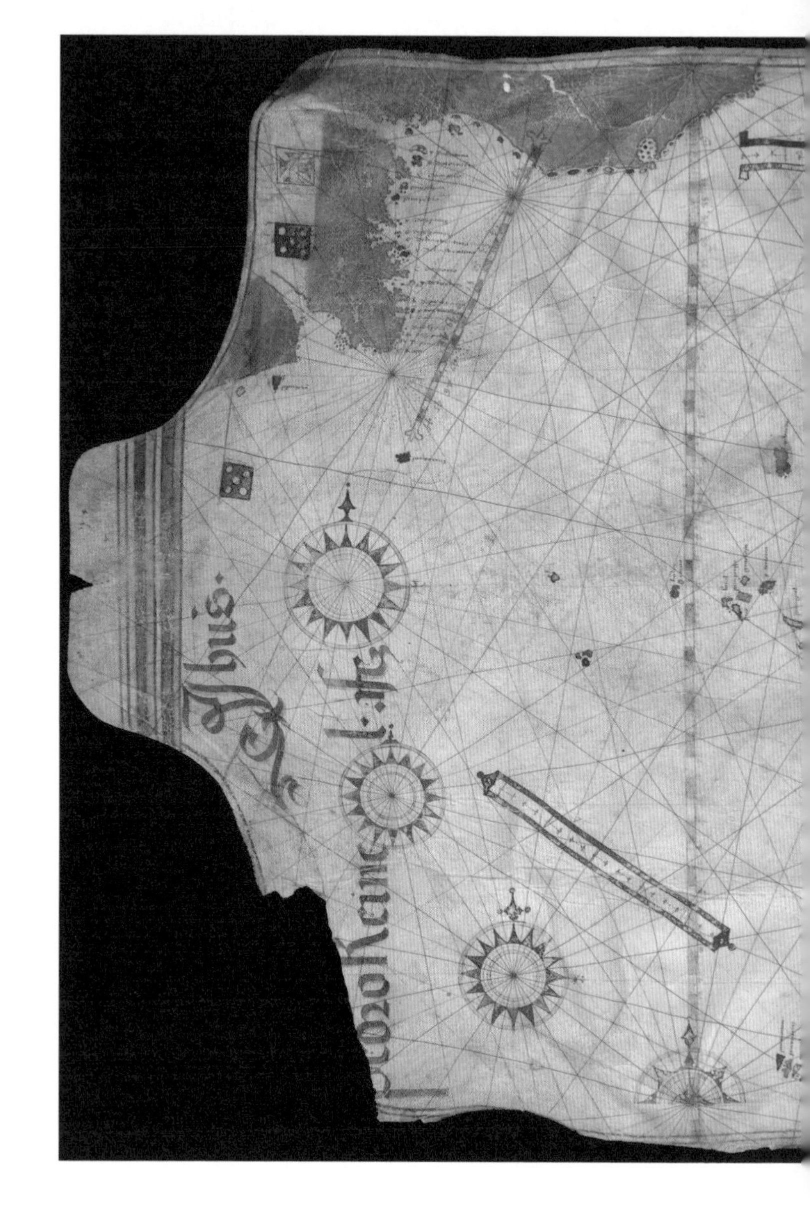

航海图

葡萄牙制图师佩德罗·雷内尔绘制的航海图，大约制成于1504年，图中用鸢尾花来表示罗经指向的做法为佩德罗首创。这张图参考了当时的航海探险成果，绘制出欧洲部分地区与非洲北部，也是已知最早的描绘了纬度范围的航海图

路上却是危机重重。

1500年，亚美利哥·韦斯普奇（Amerigo Vespucci）抵达巴西，断言自己发现了既非印度也非日本的新大陆。1504年，教皇尤利乌二世颁布了一份新的诏书，正式承认了10年前签署的《托德西利亚斯条约》的分割条文。

1507年，孚日省圣迪耶市的一位修士瓦尔德塞弥勒绘制了一幅世界地图。为了纪念韦斯普奇，瓦尔德塞弥勒在这幅图上首次将新大陆以韦斯普奇名字的谐音命名，从此这块大陆就被称为美洲（America）。他还根据前一个世纪郑和船队下西洋时收集的资料——他从犹太商人和威尼斯商人那里获取了这些信息——绘制出了亚洲的轮廓。

1519年，葡萄牙人斐迪南·德·麦哲伦开始了人类历史上第一次环球航行。他带领237名船员乘坐远洋船只穿越大洋，绕过合恩角直抵菲律宾群岛。船过合恩角后，海上风平浪静，他便将这一片大洋命名为太平洋。1521年4月，麦哲伦于菲律宾麦克坦岛不幸丧生。1522年，其远洋船队中仅剩的一艘船——“维多利亚号”——载着所剩无几的船员（18名欧洲籍船员和3名摩鹿加人）顺利返回西班牙，圆满完成了人类首次环球航行。

1529年签订的《萨拉戈萨条约》在位于西半球的原葡、西两国领地分割线基础上，又在摩鹿加群岛（印度尼西亚东部）处子午线加划了一条位于东半球的界线，从此明确了葡、西两国在全球的领地范围。

前前后后签订的这些条约，理论上将美洲、太平洋和摩鹿加群岛东部划分给了西班牙，而葡萄牙则分得了巴西、非洲和很大一部分亚洲地区。

法国与第二次机遇失之交臂

弗朗索瓦一世国王于1517年兴建勒阿弗尔港。这是法国为成为海上强国所做的第二次尝试。然而，此次新建港口的目的是与葡萄牙和西班牙在征服美洲大陆、传播基督教这一层面上展开竞争，而不是与佛拉芒人和威尼斯人在商业上相抗衡。1524年，国王在勒阿弗尔建了一个造船基地。然而，在此建成的第一艘船“伟大的弗朗索瓦兹号”由于船体过于庞大无法驶出基地，最终只得就地拆解。

法国定都巴黎，而弗朗索瓦一世却深居卢瓦尔河畔的城堡中。1528年，他表示：“巴黎要重新成为我们名副其实的首都。”于是，他下令修建新的卢浮宫，将其作为权力的中心。他对海洋饶有兴趣，但就像伊比利亚半岛上的国家一样，也只是为了将基督教发扬光大。1533年，弗朗索瓦一世向教皇克莱蒙特七世表示，他强烈反对《托德西利亚斯条约》划定的分界线，他说道：“太阳光芒照四方，照耀着他人，也照耀着我。我倒是想看看，亚当遗嘱中瓜分世界却把我排除在外的那条是怎么写的。”教皇很明确地回复说，对于那些尚未被西班牙或葡萄牙占领的土地，其他信奉基督教的国君也可以向教皇提出申请使其成为自己的领地。

于是，1534 年，法国航海家雅克·卡蒂埃率领两艘船只从圣马洛（而非勒阿弗尔）出发，仅用 20 天就到达了今加拿大的圣劳伦斯湾。接下来的 1544 年，从勒阿弗尔港驶出的第一艘渔船到达了纽芬兰，这就是法国人发现的第一块“新大陆”。

然而，在商业船队或海军战队的发展方面，法国依旧毫无作为。它既没有通过发展港口贸易使本国所需商品源源不断地从港口流入内地，也没有加强本国各大港口与内地之间的联系。巴黎地区的物品供应仍然依靠内地的商品集市和别国的港口（佛兰德与意大利）。这原本是法国可以成为海上强国的第二次机会，可它却最终与之失之交臂。

西班牙人在墨西哥湾和加勒比海站稳了脚跟，但他们同样没有发展港口贸易和商业船队。1510 年，他们开始将玛雅帝国、阿兹特克帝国、印加帝国还有其他帝国的黄金用西班牙大帆船带回国内，然后又强令美洲印第安人开采当地的金矿和银矿。开采出的黄金通过陆路运输送至南美洲北端甚至更远的地方。在那里，西班牙人新建了维拉克鲁斯港（位于墨西哥）和卡塔赫纳港（位于哥伦比亚）。一箱箱宝物在这两处港口装载上船，船只先驶向哈瓦那，而后再返回塞维利亚。

行至古巴周围时，时常会遭遇海盗袭击，其中一部分海盗就是号称“自由劫掠者”的法国人。

16世纪，有将近3 800万桶黄金和白银就这样从美洲运到了西班牙。可西班牙人并没有好好利用这笔财富。他们沉溺于安逸慵懒的生活，将钱财交予热那亚人和伦巴第人管理。

17世纪，牙买加和海地的托尔蒂岛成了海盗的窝巢。有一位名叫罗罗奈斯的法国海盗拥有7艘船只，400人听命于他。还有一位人称“黑胡子”的英国海盗，在1708年至1718年间活动频繁，聚敛了大量财富，但最终在与英国皇家海军的激战中丧命。

17世纪，西班牙大帆船的出航次数逐渐减少，因为加勒比海时常掀起狂风骤雨，且美洲发现的贵金属也越来越少。于是，海盗转而袭击绕非洲海岸航行、满载香料的商船，这些商船为了避开海盗，只得退至马达加斯加以东的印度洋上。

热那亚强盛一时，勒班陀战役打响，威尼斯淡出历史舞台

1500年至1550年，一直盛行天主教的安特卫普影响力逐渐减弱。热那亚掌管着伊比利亚半岛的财富——黄金，取

得了地中海的控制权，实力不断增强。16 世纪初，威尼斯尝试通过全球化战略战胜与其争夺亚洲市场的对手——葡萄牙。威尼斯的造船师被派往亚历山大港，用黎巴嫩的木材帮马穆鲁克军事集团建造船只。建好后，他们将船只拆解，所有船体部件通过沙漠商队运至苏伊士港（红海入海口），在那里重新组装。双方还与印度古吉拉特邦的苏丹结成盟友，后者又为他们提供了 40 艘船。就这样，多股力量联合在了一起。在 1508 年印度南部爆发的焦尔海战中，这三方联盟一同消灭了葡萄牙舰队。

于是，原本依靠陆军力量攻占埃及和叙利亚的奥斯曼帝国苏丹们意识到有必要发展一支强大的海军力量。1533 年起（苏莱曼大帝和塞利姆二世统治时期），人称“红胡子”的希尔顿·雷斯重新组建了奥斯曼帝国舰队。1538 年，在希腊普雷韦扎海战中，面对威尼斯、西班牙、热那亚和教皇结成的联盟，“红胡子”大获全胜。

1550 年，席卷西班牙和热那亚的一场金融危机使世界贸易中心再次由地中海转移至大西洋，更具体地说，是从信奉天主教的热那亚转移至信奉新教的阿姆斯特丹。

自 1560 年起，威尼斯人在地中海东岸的贸易点遭到了奥斯曼帝国舰队的袭击。该帝国试图掌控与远东国家的贸易，于 1571 年攻占了塞浦路斯。随后，在教皇的庇护下，热那亚、威尼斯、那不勒斯和西班牙组成了神圣同盟，抵御奥斯曼帝国的进攻。

神圣同盟在墨西拿齐集了316艘战舰和8万人手（5万名水手和3万名战士）。这支舰队由查理五世的幼子约翰指挥。敌方奥斯曼帝国舰队配备252艘战舰和8万人手，由阿里帕哈指挥。战役于1571年10月7日在希腊西部的勒班陀打响。威尼斯战舰成功冲破了奥斯曼帝国的防线。战争中有7 000名基督徒和2万名土耳其人死亡，指挥官阿里帕哈也死于战场。奥斯曼帝国有将近一半的海军力量被摧毁。塞浦路斯重新回到了基督徒手中，1.2万名信奉基督教的奴隶获得自由。

战败之后，奥斯曼土耳其人的心中燃起熊熊复仇之火。维齐尔（宰相）索科卢·穆罕默德宣称："我们先前攻占了塞浦路斯，犹如断了你们的一只臂膀。而勒班陀一战，你们的胜利好似烧焦了我们的胡子。断了的臂膀无法再生，可烧了的胡子还能再长出来，长势还会更猛。"1572年，乌卢奇·阿里成为奥斯曼帝国的新任海军统帅。同年夏，他率领250艘加莱船，重新夺回了塞浦路斯。1574年，奥斯曼帝国又夺回了突尼斯城。威尼斯最终惨败，而地中海也随之淡出历史舞台。

此外，奥斯曼土耳其人还控制了波斯湾。他们打败了波斯人建立的伊朗萨非王朝，并越来越多地参与到印度洋上的贸易中。1639年，通过《扎卜条约》，奥斯曼帝国从波斯人手中获得了亚美尼亚西部地区、伊拉克和格鲁吉亚的统治权。

勒班陀海战

梵蒂冈博物馆地图大厅中的这幅壁画，描绘了勒班陀海战的场景。这场大规模的海战给交战双方都带来了巨大的损失。基督教联军虽然在这次海战中取胜，但很快又败于奥斯曼之手，失去了对地中海的控制地中海从此不再是世界的中心。

荷兰的兴起与《海洋自由论》的诞生

1581 年，原处于西班牙统治之下的多个省份联合起来要求独立，成立了尼德兰联省共和国——荷兰。当时，有些人由于信了新教而遭到天主教国家的驱逐，而荷兰则吸引了这些新教徒的到来，他们不仅带来了会计学、贸易和数学等学科的知识，也带来了思想自由之风和批判精神。渐渐地，阿姆斯特丹成了重要港口。

1588 年，想重新夺回荷兰的西班牙人决定先将劲敌英国踢出局。他们试图出动由 130 艘战舰和 3 万人组成的无敌舰队进军英国。1588 年 8 月 8 日，在北海海域的格拉沃利讷外海上，英国舰队火烧西班牙舰队。为王室效命的英国海盗弗朗西斯·德雷克对西班牙舰队穷追不舍，最后成功将其全部消灭。

“鹬蚌相争，渔翁得利”的故事再次上演。英国与西班牙的海战结束后，实权落入了第三国——荷兰——之手。

荷兰的崛起，很大程度上得益于他们的发明创造和工业化生产。那时，荷兰人发明了一种新型船只——弗鲁特商船，且自 1590 年起，在阿姆斯特丹建了多个专门制造此种船只的基地。弗鲁特商船巨大无比，重达 2 000 吨，最多能运载 800

人。这种三桅方帆船可以批量生产，能运载大量商品，船组人员总数比老式船少五分之一，且分工更加细化。一艘弗鲁特商船上设一名船长、数名军官、一名水手长、一名木匠、一名船桅调试员、三名副手、几十名水手及四名见习水手。

很快，荷兰人凭借弗鲁特商船所运送的商品量就达到了欧洲所有其他商业船队运输总量的6倍。也就是说，整个欧洲四分之三的谷物、盐、木材，还有一半的金属和纺织品都由弗鲁特商船从外地运来。荷兰人还将美洲的金属和亚洲的香料带回欧洲。他们也扬帆远航，去往印度、东南亚和中国，兴建马尼拉城，并将其设为在美洲和亚洲之间的贸易中转站。1602年，荷兰东印度公司成立，负责处理与亚洲的贸易关系。1609年，阿姆斯特丹银行的成立为荷兰与亚洲的贸易提供了支持，欧洲所有货币之间的汇率都由这家银行来确定。

还是在1609年，荷兰法学家格劳秀斯发表了一篇题为《海洋自由论》的文章，掀起了新思潮。当时，葡萄牙人意图再度垄断海上航行权和贸易权，时任荷兰东印度公司顾问的格劳秀斯对此持反对态度。他认为，在辽阔的大海上，没有人可以持久地占领某一个地方，且谁都不可以将其据为己有。海洋应是永久自由之地，没有哪一个国家可以在海上行使主权。当然，海岸线以外三海里内的海域属于国家行使主权的范围。三海里也是当时大炮的最大射程。

这条海洋自由性原则成了那个时代海洋法的基本原则，

阿姆斯特丹的证券交易所

图为1609年成立的世界第一家证券交易所，位于阿姆斯特丹。阿姆斯特丹交易所的第一支股票由东印度公司发行。某种意义上可以说，航海贸易催生了近现代的世界金融体系

在其后三个世纪中人们一直恪守这条原则，很少有人提出质疑。然而不得不提的是，1635 年，英国法学家约翰·塞尔登应查理一世国王的请求，发表了《海洋封闭论》(*Mare clausum*)，在英荷争夺领海主权的背景下维护了英国的利益。

欧洲人漂洋过海到中国

同一时期，中国正处于明朝统治下，然而日渐衰落的明朝政府对海洋毫无兴趣，却又固执己见。欧洲人发现，亚洲人对他们不再有抵抗情绪，他们在亚洲也无竞争对手。与此同时，陆上丝绸之路在波斯境内的路段治安混乱，整个中东都已成为伊斯兰教的势力范围。这一切，让欧洲人决心绕道印度洋，将珍贵的香料带回欧洲大陆。

最先来到亚洲的是葡萄牙人。他们于 1501 年和 1522 年分别在印度和印度尼西亚建立了贸易点。葡萄牙人随后登陆中国，抢占了大半个市场。荷兰人紧随其后。

明朝年间实施“海禁”政策，是考虑到中国人从事海外贸易实则让外国商人获益。1567 年，福建巡抚上书反对此项政策，隆庆皇帝随即取消“海禁”。于是，中国人开始在广州开办私人商业公司，与安特卫普和伦敦展开贸易，交易的商品有米、茶、铁和铜。这些公司还与荷兰自 1600 年起在台湾地区建立的第一批贸易区签订了商业合同。

1602年，为了管控贸易，荷兰人创办了荷兰东印度公司。之后，法国东印度公司和英国东印度公司相继成立。1612年，英国与葡萄牙对决，在印度的古吉拉特邦爆发了苏瓦里战役，最后英国取胜，获得了在印度的贸易垄断权。

那时，中国正处于一个富足的时期。全国人口由1200年的1.24亿增至1600年的1.5亿。1644年，在中国北方建立起来的大清王朝推翻了明朝的统治，但明朝宗室依然掌握着南方省份和台湾的政权。

法国的第三次和第四次尝试无果而终

法国为成为海上强国做了第三次尝试，但这一次，它并没有真正具备必要的条件。1624年，主张“国王应具备海上实力”的法国政治家、枢机主教黎塞留为法国配备了30艘加莱船（航行于地中海）和50艘大型战舰（航行于大西洋）。他在地中海沿岸兴建土伦港，在大西洋沿岸兴建布雷斯特港，以迎接战舰的到来。他创立了海军护卫学校（后更名为海军学校），还计划以荷兰东印度公司为模版开办法国国家航海公司。但这项计划因本身影响力太小，在黎塞留辞世后便不了了之。

1648年，标志着三十年战争结束的《威斯特伐利亚和约》重新划分了欧洲的领土。根据和约，瑞典占领了奥得河西岸的波美拉尼亚，控制了波罗的海和北海两岸；荷兰和瑞士的独立得到了承认；法国也获得了阿尔萨斯和洛林的部分领土。

继黎塞留之后，新任枢机主教马萨林大大减少了海军预算。于是，到了1661年，法国皇家海军的大型战舰只剩20艘，加莱船也所剩无几，船只数量与荷兰和英国海军相距甚远。

1680年，法国又做了第四次尝试：海军国务大臣柯尔贝尔启动了每年兴建10艘大型战船的工程，不再使用只适合于地中海航行的加莱船。1681年，他将所有有关商船的规定编成《海事敕令》，从标题和章节的排序可以看出在法国的优先级顺序：海军军官；人民与海船；海运合同、船舶租赁契约、水手的雇佣与工钱；船舶抵押贷款、保险与相关企业；港口警力、海岸、锚地和海滨；海上渔业。这道敕令一直沿用了350年。

法国海军战队中，人员设置越来越复杂，且等级鲜明。高级军衔有：海军上校、海军中校、海军少校。次一级的军衔有：海军上尉、海军中尉、海军少尉、海军准尉。士官军衔按职位高低依次为：海军一级军士长、海军二级军士长、海军三级军士长、海军上士、海军中士、海军下士。

1683年柯尔贝尔逝世时，法国皇家海军还有120艘大型战舰、30艘风帆战列舰和24艘弗鲁特帆船。但对海洋毫无兴趣的路易十四实施了裁军政策。于是，法兰西为成为海上大国而做的第四次尝试，与前几次一样，以失败告终。

同年，即1683年，为了消灭明朝在中国南方最后的势力，清朝政府禁止商船出海贸易，驱赶沿海居民，还建立了一支海军战队。之后，这支战队收复台湾，控制了它的海上贸易。

前往美洲：移民和奴隶

17世纪，横跨大西洋去美洲的人越来越多，有自愿迁居的移民，也有被贩卖到那里的奴隶。

起初，为了防止西班牙占据整个美洲，英国人、法国人和荷兰人将一部分移民送至北美。这些移民在那里建立了新斯科舍、新英格兰、新法兰西和新尼德兰。

1620年，80名清教徒加入了首批殖民者的行列。他们在普利茅斯一个宗教团体的资助下，乘坐90英尺（约27.4米）长、载重180吨（容积约为504立方米）的“五月花号”商船出发了，目的是在马萨诸塞州建立殖民地。

1650年，约有5万名殖民者横跨大西洋来到了美洲，他们大多是英国人、法国人（胡格诺派）和荷兰人。17世纪末，这些殖民者在北美的人数达到10万，在南美和中美洲的人数达25万。

18 世纪初，有五大移民队伍出发前往北美。英格兰人、苏格兰人和威尔士人组成一支队伍，其余四支队伍分别是爱尔兰人、德国人、法国人和荷兰人。18 世纪中叶，去往美洲的移民行动迅速增多：1715 年，仅一个纽约市就有 3.1 万名外来移民,1775 年该数字增至 19 万，到 1790 年又增至 34 万。

起初，欧洲殖民者去美洲乘坐的是商船，而商船并不适合人员运输。于是，自 1750 年起，便有了专门运输人员的船只。那时，一张船票的价格相当于一个普通欧洲工人一年的工资。而移民通常是穷人，他们买不起船票，所以在到达目的地之后的几年中都会为移民船老板干活。那些奢华的船舱，只有军官和贵族才能享用。

那时，另一批人也去了美洲，但这一批人是被迫的，他们是来自非洲的奴隶。

在北美、安的列斯群岛和巴西，西班牙人和其他占领者曾经发动过血腥的大屠杀，幸存下来的土著为数不多，因而无法满足棉花和甘蔗种植园所需的劳动力。于是，西班牙人和其他殖民者有了将非洲奴隶运来的想法。对此，接连上位的教皇个个都睁一只眼闭一只眼，他们仅对贩卖印度奴隶的人判处罪行，而对贩卖非洲奴隶的行为只字不提。

贩卖黑奴的活动约从 1550 年开始,1672 年后越来越频繁。这些奴隶起初乘坐葡萄牙人的船只从非洲起程。后来，也就是 1672 年之后，黑奴的运送转由英国皇家非洲贸易公司和法

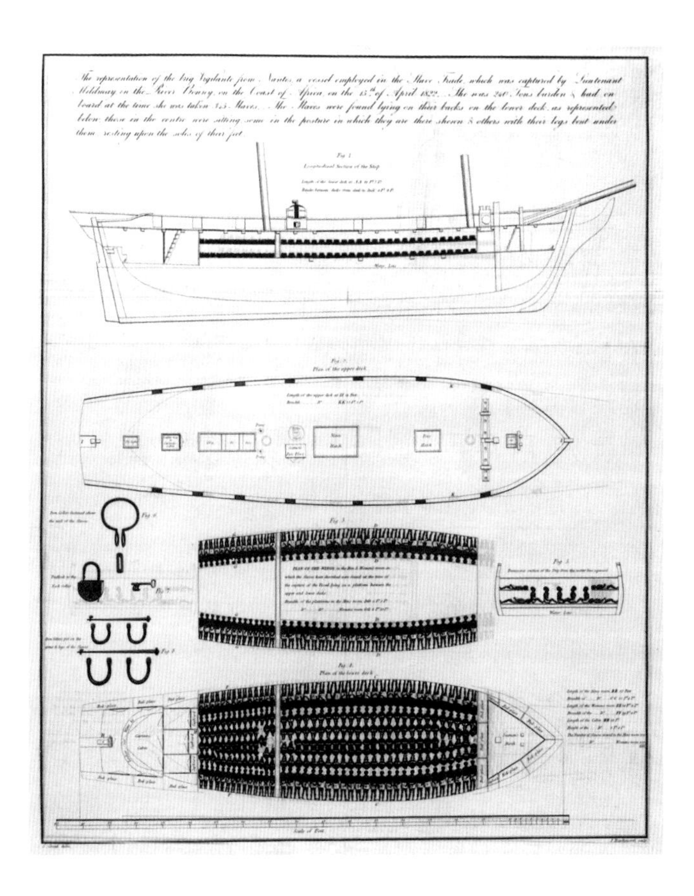

运载奴隶的船只

1822年在非洲海岸被英军抓获的贩奴船“守望者号”示意图。共有345个奴隶被关押在船只甲板下方的狭仄空间里。他们的脖颈和四肢都被铁环束缚，并保持僵硬的坐势，甚至没有伸展肢体的空间

国塞内加尔贸易公司负责。

贩卖黑奴的人做的是三角贸易。他们将布匹、武器、酒和廉价珠宝装上船，从里斯本、利物浦、伦敦、波尔多、拉罗谢尔、南特、阿姆斯特丹和鹿特丹各港口出发，驶向非洲西海岸。他们拿这些物品与非洲和阿拉伯的人贩子交易，换取战俘、战争受害者或被家人卖身的人。随后再次出发，将这些奴隶带往加那利群岛和马德拉岛的甘蔗种植园，或者带往巴西和佛罗里达。

贩奴船船体小巧，易于靠岸。船上的奴隶需要有人负责看管，因而船员人数多于普通船只，约有 30~45 人。穿越大西洋的行程平均耗时两个月，船上生活条件极为恶劣：奴隶们赤身裸体睡在黑暗恶臭的底舱，手脚被铁链紧紧绑住。他们很少有机会可以透透气。每一班船上都会有 10%~20% 的人失去生命。贩运的黑奴十批中就会有一批在船上发动起义，随后遭到血腥镇压。

为了能把奴隶卖掉，船长会在到达目的地时好好准备一番：他会给奴隶理发，把他们身上的伤口遮掩起来，还会让他们吹吹海风。总之，在展示给买家看的时候要像个人样。黑奴交易的地点不是在集市，就是在船上。

交易完毕，贩奴船就载着糖、咖啡或贵金属返回欧洲。

历史上，总共有 1 240 万人被送至美洲，其中 180 万人在还未到达目的地时就丧了命。

1790年，在黑奴聚居的弗吉尼亚，外来移民总数为74.8万人，其中35万人是奴隶。其他地区奴隶所占比重较小。整个北美外来移民总数为390万人，其中80万是奴隶。

英国的崛起

18世纪初，阿姆斯特丹依旧是世界的中心，大西洋上的贸易和整个印度洋仍掌握在荷兰人手中。当时在中国，荷兰还没有遇到能与自己匹敌的对手，所以他们在与中国人的贸易中占尽优势。

那时，经历了一场农业革命的大英帝国用较少的农业劳动力就能生产出满足所有英国人需求的食物，这一进步促进了工业和海上大宗贸易的发展。英国各港口的地位变得越来越重要。伦敦港位于泰晤士河沿岸，绵延约18千米。在这里，每年有大约1 500台起重机为6万艘船只装卸货物。人们在利物浦发现了盐矿，利物浦也随即成为一大港口。在这之前，英国人食用的盐都是从法国途经布里斯托尔进口至英国本土的。与此同时，英国东印度公司放弃了对大西洋贸易的垄断权，把重心转移至与南亚和东南亚的贸易上，他们将棉布、陶瓷和茶叶这些当时的奢侈品视为优先级的贸易商品。此外，英国人还在美洲北部建立了一个巨大的殖民帝国，将美洲东北部各地及加勒比海东北沿岸地区通通占为己有。

在印度，英国人只控制了孟买、加尔各答和马德拉斯。而法国人却因得益于杜普雷克斯[1]父子非凡的征服力而控制了整个南亚次大陆半数沿海地区。但在1747年，由于与法国海军总司令布尔多奈势不两立，本想一举攻克英国人的杜普雷克斯失去了海军部队的支持。1754年，杜普雷克斯被召回法国。

就这样，无论是在印度还是在别处，英国人的实力都得到了巩固。尤其值得一提的是他们划时代的发明——船钟。船钟逐渐取代了沙漏，成为航海过程中计量时间的精密仪器。1761年，英国约克郡的一位细木工匠约翰·哈里森因发明走时精准的船钟而获得一项2万英镑的大奖（该奖项于1714年设立，由英国议会颁发）。从此，英国的船只就配备了这种船钟。船钟在使用前需进行校准，以泰晤士河岸格林尼治天文台时钟显示的时间为准。渐渐地，世界各地所有船钟都统一参考格林尼治时间。

18世纪时，中国人口翻了一番，总人数达3.3亿，占当时世界总人口的三分之一。英国人来到中国，寻找他们想要的茶叶和大米，以来自印度的鸦片相交换。中国人就这样在英国人的驱使下吸上了鸦片，中国皇帝对英国人的所作所为非常不满。广州港成了毒害中国人的鸦片交易集散地。1729

[1] 法国负责东印度公司和印度属地的总督。——译者注

年，雍正皇帝正式下令禁止进口鸦片，却无济于事。1796年，他的继任者嘉庆皇帝再次颁布禁令，又是枉然。于是，鸦片交易就成了19世纪两场反英海战的根源。

1712年，俄国沙皇彼得大帝意识到了海洋的重要性。为了加快其庞大帝国的现代化建设，他将国都迁至波罗的海沿岸芬兰湾的圣彼得堡。自此，圣彼得堡就成了俄国最主要的商业和军事港口。最先让俄国人感受到现代化技术强大威力的，也是英国人。

波斯萨菲王朝此时依旧背海发展，先后定都三座内地城市：大不里士（1501—1598年）、伊斯法罕（1598—1729年）和马什哈德（1729—1736年）。

法国1763年遭受重创，第五次尝试未果

法国开始了为跻身海上强国之列而做的第五次尝试。1750年，受封元帅的卡斯特里侯爵命骑士让-查理·德·波达制定建造74炮、80炮或118炮风帆战列舰的计划。最后建成了29艘80炮大型风帆战列舰。布雷斯特拥有大、中型风帆战列舰各33艘，小型风帆战列舰13艘。其他战舰分布于罗什福尔、土伦和瑟堡。

然而，所付出的这些努力并没有扭转法国在诸多海战中失败的命运。1740—1748年的奥地利王位继承战争期间，法

国因缔结同盟而卷入这场战争。1747 年，菲尼斯特雷角海战中，英军大败法军。1756—1763 年七年战争期间爆发的基伯龙湾海战和拉各斯海战，也均以英国海军的胜利告终。法国在美洲建起的所有港口丧失殆尽，如杜肯堡于 1758 年被英国人夺走，更名为匹兹堡，意在纪念英国的首相。同时，法国还不得不将北美的殖民地——新法兰西——拱手相让。此外，杜普雷克斯离任后，法国又几乎失去了在印度所建的整个庞大帝国。

七年战争中，法国虽然算不上彻彻底底的战败国，但战后 1763 年签订的《巴黎条约》却标志着法国海上实力的倒退，条约签订的过程中也很少有缔约方站出来维护法国的海上利益。根据条约，英国获得了原属法国的皇家岛、加拿大、北美五大湖地区、密西西比河左岸地区及安的列斯群岛的部分岛屿；西班牙从法国手中得到了密西西比河西岸地区，将佛罗里达交予英国；法国将其在印度所建的庞大帝国几乎全部拱手让给英国，只保留了对五个贸易区的控制权。条约规定，圣皮埃尔和密克隆群岛归属法国，原属法国的产糖岛马提尼克、瓜德罗普和圣多明各也仍然归其所有；法国继续保留在非洲塞内加尔戈雷岛的黑奴交易据点。但同时，法国却让出了塞内加尔的圣路易岛。总而言之，法国基本丧失了原有的殖民地，但更重要的是，它也丧失了主宰海洋的第五次机会。

美国独立战争海上上演，法国第六次机会到来

以往所有战争的胜利，很大程度上得益于海军强大的战斗力，美国独立战争也不例外。在这场战争中，面对庞大的英国舰队，前来支援美国的法国皇家舰队以少胜多，成功实施了强有力的封锁。

1770 年左右，英王乔治三世强行提高对北美殖民地征收的茶叶税，北美殖民地与英国本土之间的紧张态势持续升级，并在北美主要的经济中心波士顿港爆发了争端。1773 年 12 月 16 日，波士顿茶党在该港口上演了波士顿倾茶事件。美国民兵在与英国人之间展开多场战役后，夺取了纽约和费城的港口。于是，他们将费城定为召开大陆会议的地点，为独立运动做准备。

与通常所述相反的是，这场独立运动也是在海上展开的。

1776 年 7 月 4 日，美国人在费城召开的大陆会议上宣布独立，英国人立即下令派出一支由 5.5 万人组成的部队镇压独立运动。之所以能如此迅速地行动起来，是因为他们拥有一支庞大的海军。1776 年 12 月，英国人就夺回了纽约港。

1777 年 8 月，第二届大陆会议召开之际，英国将军威廉•豪从费城附近的海域发动袭击。他从切萨皮克湾北端登陆，不费吹灰之力就夺取了费城。美国独立运动几乎处在失败的边缘。

1778 年，法国决定前来支援美国，帮助实力弱小的美国海军对抵达美国的英国舰队实施封锁。当时的法国处于路易十六统治之下，这位国王重视海上发展，重新组建了法国海军。于是，自其统治之初，法国就开始了发展海上强国的第六次尝试。

两场海战在法国皇家海军与英国皇家海军之间展开。

第一场是 1778 年 7 月 27 日的韦桑岛海战，但此次战役并未决出胜负。双方都有损失，而英方的损失是法方的四倍。最后，英国皇家海军仓皇而逃。这次海战让法国皇家海军重拾信心，也重新树立起了光辉形象。

第二场是 1779 年 7 月 6 日的格林纳达海战。英国皇家海军在约翰·拜伦的指挥下派出一支舰队与查理·亨利·德斯坦麾下实力相当的多支法国舰队对峙，结果英国战败。但法国并没有乘胜壮大自己的实力，而是满足于对区区一个格林纳达小岛的征服。

与此同时，反英联盟不断壮大，西班牙和荷兰分别于 1779 年和 1780 年加入作战行列。此外，美国人还求助于私掠船队，如苏格兰人约翰·保罗·琼斯率领的船队就于 1779 年成功地将英国中型风帆战列舰“塞拉匹斯号”彻底摧毁。琼斯曾写过这样一句话：“没有一支像样的海军，就没有美国。”

1780 年，法国紧急派遣一支舰队支援美国。其中，由航海探险家拉皮鲁兹公爵指挥的“阿丝特蕾号”中型风帆战列舰被派往南卡罗来纳州的查尔斯顿，这艘战舰上配有 26 门 12 磅火炮和 6 门 6 磅火炮。1781 年，法国海军指挥官德·格拉斯率领队伍袭击了英属安的列斯群岛，有意拖延时间，使英国大军无法及时赶到美国战场。在接下来的切萨皮克湾海战中，德·格拉斯又摧毁了数艘英国战舰，使英军在弗吉尼亚建立要塞的计划成为泡影。而法国却可以将弗吉尼亚作为常用且安全的战争资源补给地，由此一来，法国就能从法属安的列斯群岛源源不断地为美国部队提供补给了。法军对英军实施的有效封锁，使英国人无法再向北美大陆输送兵力，而美国人则成功收复了失地。

此种情况下，英国试图强行挣脱法国的海上封锁。1781 年 7 月，法国著名海军将领皮埃尔·安德烈·德·叙弗朗在北美新斯科舍省路易斯堡附近的海域，仅凭两艘中型风帆战列舰就击退了 6 艘英国战舰，俘获英国皇家海军舰艇“阿里尔号”。至此，英军再无翻盘的希望。1783 年 9 月签订的《巴黎条约》标志着美国独立战争的结束，美利坚合众国就这样得到了英国的承认。

那时，法国国王路易十六对海洋仍旧保有浓厚的兴趣。他素来深居凡尔赛宫，外出远游次数屈指可数，其中一次就去了港口城市勒阿弗尔，那是在1786年。然而，法国同中国、葡萄牙、西班牙一样，满足于海上探险、征服和贸易。还是

拉皮鲁兹与路易十六

图为法国画家尼古拉斯·安德烈·蒙修绘制，画面是拉皮鲁兹在开启环球航行之前，接受路易十六指示的场景。路易十六手指地图，示意拉皮鲁兹要穿越太平洋。画作现藏于凡尔赛宫

在 1786 年，路易十六将一项艰巨的任务交给刚从美洲回来的拉皮鲁兹公爵。这项任务就是带上医学、数学、物理学、自然科学、天文学、气象学等众多领域的科学家，从阿拉斯加穿越太平洋直至日本，完成一次环球航行。拉皮鲁兹公爵率领“星盘号”和“罗盘号”两艘中型风帆战列舰出发了。船只到达复活节岛、夏威夷和马里亚纳群岛，行驶到中国、澳大利亚、日本、俄罗斯和新喀里多尼亚的海岸线附近海域。1789 年，拉皮鲁兹公爵和所有船员在所罗门群岛的瓦尼科洛不幸丧生。

1791 年，法国制宪会议派出两艘中型风帆战列舰寻找拉皮鲁兹公爵的下落，可最终无果而返。直至 1827 年，人们才发现遇难船只的残骸。

这也是一个从未真正重视海洋的古老制度的最终残骸。而世界上真正强大的国家绝不会这样。

用煤和石油征服海洋

（1800 年至 1945 年）

回首人生，我们看到的，仿佛只是一艘已经消失的船只，在无人的大海上留下的痕迹。

——弗朗索瓦-勒内·德·夏多布里昂，

《墓中回忆录》

18 世纪末，突然之间，一切都发生了变化。变化首先发生在海上——海洋又一次成为变革的领先者——随后又波及陆上。新能源（煤、石油）与新型船只驱动方式（由螺旋桨驱动）极大地改变了交通业的面貌，促进了产业发展、行业竞争与分工的形成，并且推动了大规模的人口迁移、思想交流，以及工业制成品、工业原料与农产品的交换。

这一时期与千百年前一样，在海上活动的人越来越多。人们逐渐占领海洋，并对海洋构成了威胁。

世界经济将开始腾飞，工业革命也揭开了序幕。然而胜败依然将于海上见分晓，胜者能在全世界范围内推广自己的文化、意识形态及文学作品，甚至能够四处派驻军队。

令人惊讶的是，当时的新兴海洋技术几乎都源自法国，这原本可以是路易十六统治下的法国第六次跻身强国之列的机会，可它却再次错失良机。因为，大革命前夕的法国仍旧是一个内陆封建国家，实业得不到重视，只能流亡海外。

历史又一次将权力移交给另一个海洋大国，即1763年《巴黎条约》签订后取代荷兰掌握海洋主导权的英国。一个世纪后，继佛兰德、荷兰和英国之后崛起的美国取代了英国的地位，而经历了两次世界大战的英国，即使百般努力也未能改变这一事实。

蒸汽：法国人的创想

很久以前的古埃及人就已经懂得使用蒸汽作为能源，但随后的很长时间里，人们却没有继续挖掘蒸汽的潜力。17世纪末，30岁的法国物理学家丹尼斯·帕潘想到可以在船上安装一系列蒸汽管，通过蒸汽推动活塞做功使齿轮转动，从而带动螺旋桨旋转起来。1690年，帕潘在德国马尔堡试验成功，但他制作的装置原型却于1707年被德国威悉河上的船夫毁坏。

帕潘的这一想法很快被英国人采纳，但用到了别处：1712年，铁匠托马斯•纽科门和工程师约翰·克劳利在帕潘（他后来流亡至伦敦，并在此逝世）试验的基础上发明了一种蒸汽泵。当时英国正处于煤炭资源开发的早期阶段，这种泵可以将煤矿中的水抽出来，而煤炭也是当时唯一能为蒸汽泵提供充足热量的能源。1769年，詹姆斯·瓦特在帕潘和纽科门的设计基础上，研制出世界上第一台带有分离冷凝器，可以减少热量消耗的蒸汽机。

同年，在巴黎，法国陆军工程师尼古拉·约瑟夫·居纽制造出第一辆蒸汽驱动、用于运输大炮的重型汽车，时速将近4千米。但在当时的法国，这样的发明却仍然无人问津。

那时，好几位发明家都萌生了制造蒸汽船的想法。1776年，一位名叫克洛德·德·茹弗鲁瓦·达邦的法国工程师尝试利用蒸汽机启动蹼状桨推动“巴拉米贝德号”。为此，他与银行家佩里埃兄弟和克劳德·达隆合伙创立了一家公司。两年后，也就是1778年（距离世界上第一辆蒸汽机车诞生还有26年），茹弗鲁瓦·达邦建造了世界上第一艘蒸汽船——“派罗斯卡夫号”，该船利用木材燃烧释放的热量来驱动螺旋桨。“派罗斯卡夫号”在位于法国东部的杜河上试航成功。5年后，茹弗鲁瓦·达邦在里昂建造了另一艘蒸汽船。这艘船

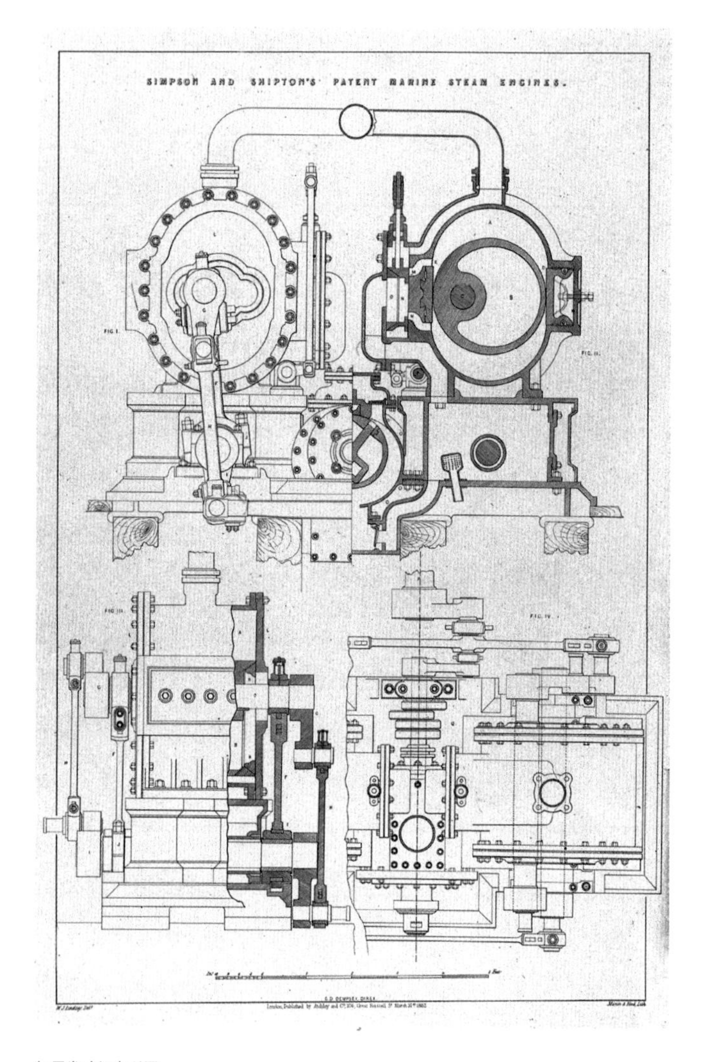

船用发动机专利图

1852年的一份英国船用蒸汽发动机专利图。法国人最早开始有了蒸汽发动机的创想，但大量发明家们的计划因缺少政府的支持而破灭。这也使法国丧失了蒸汽船带来的海洋发展先机

长达 45 米，曾在索恩河逆流航行数千米。然而，当时的法国国王路易十六对这项重大发明没有给予足够重视，茹弗鲁瓦·达邦的公司最终破产，达邦也流亡他国。

法国大革命于海上上演

1789 年，法国大革命伊始，皇家海军中大部分军官逃往异国他乡，这些军官多半是参加过美国独立战争的法国贵族。

如果说法国大革命反对君主制，那么这场革命同样也排斥海洋。君主制下的三大港口城市（布雷斯特、勒阿弗尔和土伦）中，只有土伦在 1790 年获得了省会地位，但后因土伦人将城市拱手让给英国人，法国统治者在 1793 年剥夺了土伦的省会身份，以此作为对市民的惩戒。不过，大革命反对等级制度，这对于航海工作的开展尤为必要。1790 年，制宪会议通过了一部新的《海军刑法典》，将审理涉及海员和海军军官案件的绝对权力赋予了由海员组成的审判团。可想而知，这样的审判团当然不会给海员判罪，军官则常常被定罪。根据该法典的规定，人们只需接受过普通教育并提供 4 年航海经历的证明，就可以成为商船的高级海员或是海军军官。

很大程度上，正是海上的战事决定了法国大革命的命运。这与人们熟知的革命史记载内容有所不同，但与自古以来几乎所有战争情况相同。

1793年，国民公会向荷兰（尼德兰联省共和国）和英国宣战。1794年，在韦桑岛外海，法国革命军海上部队与英国皇家海军展开了第一场海战。法方共有26名战舰指挥官，其中12名原本并非专职海军指挥；他们有些是商业船队的首领，有些在1789年大革命爆发之前仅仅是普通海员而已。战争最终并未决出胜负，但这样的结果对于法国革命军海上部队来说已是一大战绩。他们勇往直前、冲劲十足，弥补了自身海战经验的匮乏。

1795年1月，法国部队入侵荷兰。法方获悉，有一支荷兰舰队停靠在位于阿姆斯特丹以北80千米处的登海尔德港，于是决定向其发动进攻，俘获了荷军大型风帆战列舰5艘、中型风帆战列舰3艘、小型风帆战列舰6艘及商船数艘。联省共和国执政、奥伦治亲王威廉五世弃国而逃。于是，巴达维亚共和国诞生，并与法国革命军结成联盟。当时法国的恐怖政策以那些拥有海事附属机构的敌对国家为首要目标。

拿破仑的传奇经历也始于海上。1797年底，法国督政府的最后几任海军部长之一、海军总司令布吕克斯决定让意大利战争中获胜的年轻将军拿破仑离开巴黎前往埃及，切断英国与埃及、印度之间的联系，并在埃及建立稳固的战略基地，重新夺回自1763年使法国损失惨重的《巴黎条约》签订以来所失去的印度领土。

1798年春，拿破仑在法国南部和意大利两地征召了35 000余名士兵，并在土伦集结了17艘战舰，其中包括配有120门大炮的“东方号”“斯巴达号”“征服者号”“雷霆号”“欢乐号”和“墨丘利号”。5月初，他率先头部队奔赴埃及，将法国海军舰队的总指挥权交予弗朗索瓦·保罗·德·布鲁伊·德加里耶，后者随即在地中海遭到了纳尔逊率领的15艘英国战舰（其中包括“歌利亚号”“热忱号”“俄里翁号”和“大胆号”）的穷追猛打。

1798年8月1日，双方在亚历山大港外海的阿布吉尔湾相遇。英国皇家海军成功摧毁包括旗舰“东方号”在内的法方战舰4艘，并俘获9艘法国战舰。法国大革命进程中所迸发出的海上雄心至此终结。

海军实力匮乏致使帝国衰落

重返巴黎后，拿破仑恳请布吕克斯紧急重组一支海军战队。但是布吕克斯让波拿巴将军——他在1799年刚刚成为法国第一执政——耐心等待，并在1801年写信告诉他：“让我们多给局势一些时间，把决战的时机再推延片刻，那时你自然会拥有你想要的海军。”拿破仑可没有耐心，他想要掌控整个地中海，在圣多明各、路易斯安那和印度恢复雄心勃勃的殖民政策，他还想入侵英国。

然而与此前的法国统治者相比，拿破仑对新技术的热情并没有变得更高。1803 年 1 月，美国人罗伯特·富尔顿在塞纳河中进行了一艘 20 多米长的蒸汽船的试航活动，但船只最终因蒸汽机过重而沉没，他因此被拿破仑称作“骗子”。同年 8 月，富尔顿在两侧船舷加装明轮，成功消除了沉船的可能。但最终，富尔顿还是回到了美国。

1802 年，英法双方签订了《亚眠条约》，但它带来的仅仅是短暂的和平。1803 年 5 月，英国向法国宣战。对于拿破仑而言，英国的入侵恰恰为他称霸欧洲提供了必要条件。

为了实现称霸的目标，拿破仑于 1805 年夏（他已经在前一年的 12 月 2 日加冕称帝）在滨海布洛涅集结起他日后的作战军队：6 万名将士正在为登陆英国海岸做准备。为了取得胜利，拿破仑必须集结起两只舰队，即地中海舰队和大西洋舰队。尽管在大西洋上控防的英国海军舰队将领康沃利斯曾经在美国独立战争中失利，但另一方面，地中海上的英国舰队首领却是在阿布吉尔湾海战中获胜的纳尔逊将军。

然而，奥地利人的袭击打乱了拿破仑的计划。1805 年 8 月 26 日，拿破仑为了自保，不得不将此前在布洛涅集结的部分军队派往东部作战，事实上等于放弃了进攻英国的计划。

尽管拿破仑已经决意放弃海战，但是 1805 年 10 月 21 日，布吕克斯逝世后继任法国海军总指挥的维尔纳夫在知晓自己即将被罗西里取代总指挥职位的情况下，未经拿破仑同意就贸然决定与英国人开战。他的舰队有 11 艘大型战列舰、6 艘巡洋舰、2 艘双桅横帆船，此外还有来自卡迪斯的西班牙战船以及罗什福尔的其他法国战船前来助阵。就这样，维尔纳夫与纳尔逊率领的英国舰队在西班牙南部的特拉法尔加展开对峙。英方的战舰数量虽然逊于法方，但纳尔逊却成功将法西联合舰队分隔开来，迫使对方阵营中最强的几艘战舰，即“布森陶尔号”“可畏号”和“圣特立尼达号”落单，而后将其围困，最终摧毁了法军三分之二的战舰。法西联合舰队惨败，近 4 400 名将士牺牲。英方 450 人阵亡，包括总指挥纳尔逊。

由于丧失了海上通道，拿破仑再也无法从世界各地获取资源，也无法阻止英国加入反法同盟。他本无意发动特拉法尔加海战，但正是这场战役，早在滑铁卢战役发生的 10 年前，就已经宣告了法兰西帝国的衰落。

战败后，拿破仑一直努力重建海军，但这一过程极其漫长。与 1805 年的法国海军实力相当的新海军战队直至 1812 年才得以建成。在流亡圣赫勒拿岛期间，拿破仑谈起美国独立战争中领导法国海军取得胜利的皮埃尔·安德烈·德·叙弗朗将军时，曾经说过：“为什么这个人没活到今天？为什么我就找不到像他这样的能人？倘若如我所愿，我就能打造我们的纳尔逊，事态就会朝着另一个方向发展。我穷尽一生苦苦寻找，却从未遇见过海军首领的最佳人选。”

特拉法尔加海战

英国画家威廉·特纳笔下的特拉法尔加海战，这是英国海军史上最大的胜利之一，确立了英国近代的海上霸主地位。然而对法国来说，这场海战却切断了其对外的海上通道，预示着拿破仑事业的最终陨落

19 世纪初，还有其他海上战役接连爆发，而法国历史书中却鲜有提及。1805 年 11 月 3 日在西班牙加利西亚外海上爆发的奥特加尔角战役和 1806 年 2 月 6 日爆发的圣多明各海战均以法国的失败告终。面对英国强有力的封锁，法国完全不可能突出重围。再也无法从安的列斯群岛获得蔗糖的法国，只能转而利用甜菜来制糖。

1806 年，拿破仑着手实施复仇计划，对英国展开陆上封锁，禁止英国的欧洲盟友及其附属国向英国出售任何物品，并派人在沿岸地区密切监视，以确保对英国的严密封锁。同年，路易·雅各布在诺曼底的格朗维尔安置了第一座信号台，用于观察英国海军的行动，并利用光学信号向法方战舰实时传送情报。

1807 年，富尔顿在纽约继续推进他的科学实验。他在哈得孙河上建造了一艘约 50 米长、通过燃烧煤炭和木材驱动的“克莱蒙特号”蒸汽机轮船。这艘船很快被投入使用，服役于纽约和奥尔巴尼之间的固定航线，单次航程超过 240 千米。而英国人在消灭所有海上竞争对手后，利用他们的海上优势，于 1809 年接管了法属安的列斯群岛，又在 1810 年接管了马斯克林群岛（包含留尼汪岛与毛里求斯岛）。而法国对英国的陆上封锁却收效甚微，因为英国海军的雄厚实力使英国人仍然能顺畅地与奥斯曼帝国进行贸易，并与其在安的列斯群岛和印度建立起来的英属商业帝国保持贸易联系。与之形成对比的是，法国的封锁却给欧洲其他国家带来了灾难性后果，它们不得不以高昂的价格从法国购入必需品。

1810 年，俄国沙皇亚历山大一世宣布解除对英国的大陆封锁。拿破仑于 1812 年对俄国开战，但很快战败。事实上，拿破仑失败的命运，在特拉法尔加战败后就已注定。

与此同时，继美国第一艘蒸汽船投入使用后，英国人也于 1812 年在伦敦展开了关于第一辆蒸汽机车的应用试验。

新科技的诞生地清楚地揭示了谁将在接下来的两个世纪中掌握霸权。

英国占据统治地位：大西洋风帆时代的终结，蒸汽时代的开启

1815 年，旨在瓜分拿破仑帝国昔日战果的维也纳会议期间，英国人没有提出对欧洲大陆范围内的任何领土要求。他们清楚真正的权力源自何处，所以他们只要求继续保持制海权，同时能够在全球范围内扩张大英帝国的领土。英国人将荷兰人的圭亚那、法国人的多巴哥和圣卢西亚、西班牙人的特立尼达都据为己有，借此强化英国在加勒比海地区的势力；他们从荷兰人手中夺走了开普敦和锡兰，以巩固“印度之路”；还抢走了原本属于丹麦的黑尔戈兰岛，以控制北海以及通往波罗的海的交通要道；马耳他和希腊西岸沿海的伊奥

尼亚群岛也落入英国人手中，如此一来，他们便可以在埃及对岸监控奥斯曼帝国的行动。

伦敦也成为世界第一大港，商品交易量及港口吞吐量均居世界首位，主要与印度、澳大利亚和新西兰展开贸易。利物浦也是英国的重要海港，可以容纳大型船只在此停泊。利物浦港不但与默西河相通，还与平行于默西河的运河相连。良好的河运条件使利物浦港能够顺畅地将商品运往伦敦，海港附近还有许多造船基地。而英属格拉斯哥港每年接收的美国进口烟草则多达 2.1 万吨。

1816 年，法国蒙彼利埃一位富有的工业家皮埃尔·安德烈尔在法国银行家雅克·拉菲特的支持下，在伦敦建立了一家船舶公司。他在英国买下“玛格丽号”蒸汽船，后更名为“埃莉斯号”。他乘坐这艘船顺利穿越英吉利海峡，耗时 17 个多小时。这是人类历史上第一次以蒸汽船为交通工具穿越英吉利海峡。随后，他又沿着塞纳河乘船抵达巴黎。同年，蒸汽船的发明者茹弗鲁瓦·达邦结束了自 1790 年起流亡伦敦的生活，重返法国，并将“查理-菲利普号”蒸汽船投入使用。这艘船航行于塞纳河上，往返于巴黎和蒙特罗两城之间。

还是在 1816 年，“美杜莎号”蒸汽船在毛里塔尼亚外海上失事，此次事故反映出法国航海业可悲的局面：船主用这艘船来运送前往塞内加尔的移民，而船上的指挥官居然是一位早在大革命爆发前就已经多年未涉足航海活动的贵族。船上 152 名乘客中仅 10 人生还。法国画家热里科在 1819 年的作品中就描绘了这次海难中最后一批遇难者在救生筏上的濒死场面，这同时也是对法国海军困境的写照。

法国海军为何陷入困境？究其原因，乃是复辟的君主制与大革命前的旧制度相比，同样没有给予海军更多关注。1818 年，路易十八创立了皇家海军学院（法国海军学校的前身），却将校址选在昂古莱姆，一个距离海岸 100 千米有余的内陆城市。

美国的技术进步不断加速，这在很大程度上是出于市场的推动，而不像欧洲大陆那样取决于君主的意志。1818 年，贵格会教徒、商人耶利米·汤普森与金融家伊萨克·怀特在纽约共同创建了全球第一家船舶客运公司——黑球航线公司（Black Ball Line），开展往返于英美之间的海上客运业务。投入使用的第一批船只仅仅是一些小型单桅帆船。单程航线往往耗时 4 个多星期，且航程中危险重重。

1819 年，美国首次尝试了另一项意义重大的远航：一艘蒸汽驱动的螺旋桨帆船从美国佐治亚州的萨凡纳出发，穿越大西洋。这艘船长约 30 米，主机功率约有 90 马力。航行耗时约 27 天，而主机累计工作时长仅为 4 天，总共消耗了 68 吨煤和 9 吨木材。同年，苏格兰工程师亨利·贝尔建造了一艘与富尔顿所造之船相似的蒸汽船——“彗星号”。该船行驶于苏格兰的克莱德河上，提供客运服务。1825 年，“彗星二号”蒸汽船遇难，造成62人溺水身亡，海上客运也由此中断。

从风帆、蒸汽到螺旋桨

1826年，英国建成的世界上第一艘蒸汽战船，即“卡特里亚号”大型希腊战舰在一名英国军官指挥下投入到与土耳其人的海战中。该船虽然只有螺旋桨，但极易操纵，凭借其仅有的8门大炮就将一支奥斯曼帝国的海军分舰队打得落花流水。这一优势迅速引发了欧洲各国海军的关注，他们纷纷开始制造蒸汽驱动的金属战舰。

1827年，奥地利工程师约瑟夫·雷赛尔申请了一种船用螺旋桨的专利。但配备这种螺旋桨的船只，其主机却不足以驱动螺旋桨。不久后，法国工程师福德里克·索瓦日研制出另一种船用螺旋桨，同样也申请了专利。新的螺旋桨比雷赛尔的发明更加高效。

1829年，法国海军战队拥有了第一艘蒸汽船“斯芬克斯号”，船长48米。它在1830年征战阿尔及尔的过程中负责输送兵力。1833年，它将卢克索方尖碑顺利运至巴黎。人们开始对蒸汽动力抱有信任。

然而，无论是战船还是商船上的水手，要适应从风帆时代到蒸汽时代的转变都是很困难的。因为船组成员原本等级分明（船长一名、军官数名、水手几十名、见习水手数名、水手长一名、木匠一名、主帆手一名），而蒸汽船上新增了工程师和机械师，层级的划分就有些混乱不清了。

1837 年，大西洋上出现了一批在侧舷安装螺旋桨并配备蒸汽机作为辅助动力的商用客运帆船，它们可以在一个月内穿越大西洋，但其主要驱动力依旧是风能。

1838 年，英国人弗朗西斯·佩蒂特·史密斯研制出第一艘配有法国专利螺旋桨的蒸汽船——“阿基米德号”。

同年，划时代的变革降临了：一家成立于利物浦的客运公司，英美汽船航运公司（British and American Steam Navigation Company）研制出第一艘完全由蒸汽驱动、可横跨大西洋的“天狼星号”蒸汽船。它长达 61 米，依靠煤炭和木材两种能源推动船侧螺旋桨的运转。“天狼星号”首次跨越大西洋用时 18 天，平均航速为 7 节。这次首航中，在船上煤炭资源短缺的情况下，船员们不得不将备用桅杆和船舱内部家具投入锅炉内焚烧，以保证船只继续航行。一个星期后，其竞争对手美国西部汽船公司（Great Western Steam Ship Company）推出“大西部号”蒸汽客运船。该船的航线与“天狼星号”相同，但航程耗时仅 15 天，比“天狼星号”提前 3 天到达目的地。而 15 天是帆船横跨大西洋总耗时的一半。风帆时代至此终结。

在这一年里，世界上第一条电报线路也在英国伦敦与伯

H.M. STEAM SLOOPS "RATTLER" AND
for the purpose of testing the relative powers of the
"RATTLER" 888 TONS, 200 HORSES POWER, FITTED WITH MAUDSLAY'S
DOUBLE CYLINDER ENGINES AND SMITH'S SCREW PROPELLER.
This Trial was made in the North Sea during a perfect Calm on the 3rd of April 1845
rate of Two Miles and Eight tenths p. hour Both Vessels

STERN TO STERN,
and the Paddle-Wheel.
POWER FITTED WITH SEAWARDS
THE ORDINARY PADDLE-WHEEL.
the "Rattler" towed the "Alecto" sternforemost
power in opposite directions.

蒸汽船

1845年，英国船只“响尾蛇号”与“阿莱克托号”的竞赛。左侧的“响尾蛇号”依靠螺旋桨作为推进器，而右侧的“阿莱克托号”靠船舷两侧的明轮驱动。前者的对比优势十分明显，推进器的优化也进一步提升了蒸汽船的使用性能

明翰两座城市之间建成，专门传送用莫尔斯电码编写的信息，但传送速度很慢。（这种电码在 1836 年前后由美国人塞缪尔·莫尔斯发明，另有说法称真正的发明者是他的助手阿尔弗莱德·维尔。）

1839 年，英国画家特纳在他的名作《被拖去解体的战舰无畏号》中生动展现了蒸汽取代风帆的划时代变革。

蒸汽动力战舰之间的首次海战：第一次鸦片战争

英国人口不断增长，大量进口原材料和农产品成为必然，于是，对海上行驶的商船加以保护并在沿途开辟新的贸易站点变得愈发重要。1833 年，英国人在马尔维纳斯群岛安营扎寨，以便获取阿根廷的农产品和畜牧业资源；1838 年，英国占领亚丁（今属也门），1839 年又占领卡拉奇（今属巴基斯坦）和香港，以确保其商船能够畅通无阻地抵达印度和澳大利亚。

英国与亚洲各国的贸易量非常可观，它也是贸易中唯一的赢家。随着英国对印度的占领和中国清朝的衰落，它能够更加轻易地从贸易中获取丰厚利润。然而，清政府依然掌握着广阔领土的统治权，其疆域一直延伸至蒙古和部分中亚地区。此外，清政府还控制着越南、暹罗、缅甸和朝鲜。那时，中国拥有三四亿的庞大人口规模，如何养活这么多人是个难题。经济停滞不前，官僚主义愈演愈烈，通货膨胀不断加剧，加上政府对科技进步的漠然态度，这些都导致中国的实力逐渐衰落。而更为关键的是，清政府没有海军，且几个世纪以来与世界其他国家几无任何商业往来。

于是，中国便成了欧洲列强，尤其是英国觊觎的对象。英国人让中国人吸上了印度制造的鸦片，以此低价换取他们的茶叶和大米。英国人如愿以偿：自 1729 年起，中国皇帝便严令禁止吸食和进口鸦片，但中国烟民人数却只升不降，1835 年的烟民数量甚至超过 200 万。1839 年，清政府发起反击，禁止英国船只（其中大多是贩卖鸦片的商船）驶入港口。为了强行入港，英国人派遣 4 000 名士兵，出动舰队。舰队中有大型战列舰 16 艘、炮舰 4 艘、运输船 28 艘及大炮 540 门。1840 年，这支舰队抵达广州，后占领香港岛。最初的对抗过后，中英双方于广东展开谈判，但未果。于是英军集中兵力攻打虎门和广州。同时，他们还侵占了长江入海口，切断了京杭大运河的漕运。1842 年，在英军的封锁面前，清朝皇帝做出让步，签订了《南京条约》。该条约迫使中国接受鸦片自由贸易，向欧洲列强开放五大港口（厦门、广州、宁波、上海和福州），并赔偿此前销毁的鸦片，此外还将香港岛割让给英国。

《被拖去解体的战舰无畏号》

装载98门船炮的“无畏号”风帆战船在特拉法尔加战役中为英军的胜利做出重大贡献，因此被誉为“战舰无畏号”。图为1838年该船退役后被拖去解体的画面。其中蒸汽拖船和风帆战船的对比，也宣告了风帆时代的结束

美洲移民潮

1840 年（同年，莫尔斯为其发明的电报语言申请了专利），美国西部汽船公司为研发新船，向英国人借用了两年前制成的第一艘装有螺旋桨的“阿基米德号”蒸汽船。1843 年，美国西部汽船公司成功推出“大不列颠号”蒸汽船。这就是第一艘配备螺旋桨的商用客轮，它横跨大西洋只需 14 天，主要用于运送移民前往美洲。

尽管当时欧洲处于相对和平的时期，但还是有很多欧洲人选择移民美洲。

首先，自 1846 年起，爱尔兰的一场大饥荒迫使 200 多万人逃往英国、奥地利和北美。而后，1848 年欧洲革命的爆发使大批德国人和斯堪的纳维亚人远离故土。19 世纪 50 年代，有近 70 万德国人和 4.5 万斯堪的纳维亚人移民美洲。同样，意大利大饥荒也迫使许多该国南部居民前往巴西、阿根廷、委内瑞拉和美国。移民美国的人口总数为 2 500 万，其中超过 450 万人来自意大利。

这些移民纷纷登上邮轮，成为各大海上客运公司的新客户。而贫穷的移民在轮船上的待遇非常糟糕：他们在统舱里睡不好、吃不饱，就连浴室和洗手间也不够用，这比船员的待遇条件还要差。

此时，美国纽约、波士顿、萨凡纳、新英格兰地区（分别位于缅因州、新罕布什尔州、马萨诸塞州、罗得岛州）的各大港口悄然兴起。还有值得一提的进出口货物集散地——巴尔的摩港。在这里，有来自南美的糖、铜和咖啡，还有即将出口到英国、法国和德国的烟草、谷物、面粉和纺织品。此外，贝德福德也成为重要的煤炭供给中心和捕鲸地。鲸鱼的用途十分广泛，可以用来制作肥皂、灯油、伞骨、刀柄、紧身胸衣的束骨、衬衫辅料及乐器部件。

法国在海上的第七次尝试

同一时期，法兰西开始了成为海洋强国的第七次尝试。这一次，法国对其海洋发展的重视程度比以往任何一次都要高：法国人组建了高效而强大的商业船队和海军部队。旅居英国多年的路易-拿破仑，一上台就将成立海军部队作为头等大事。

1849 年，刚刚当选为法兰西第二共和国总统的拿破仑三世，在土伦启动了“2 月 24 日号”战舰的建造工程，任命工程师迪皮伊·德·洛梅为工程总指挥。该战舰于 1850 年夏建成，更名为“拿破仑号”，成为法国舰队第一艘装有螺旋桨的大吨位蒸汽战舰（5 120 吨）。那时，法国企业家创立了许多船运公司，如 1851 年成立的法兰西皇家运输公司，还有其后的混合动力船运公司和法国国家航运公司。

同时也出现了另一项重大的技术革新，它源于继客运与货运之后人们对信息传输的关注。最早被传递的信息都是金融领域的。使用信鸽或是其他肉眼可见的信号接力方式，将巴黎证券交易所的一条资讯送至伦敦交易所需要 3 天时间，这在当时已经无法满足人们的时效需求。而这个问题在海洋中得到了解决：1850 年 8 月，英国人出资在法国的加来与英国的多佛尔之间敷设了第一条海底电报电缆，但投入使用 11 分钟后便宣告失败。1851 年 11 月 30 日，该线路重新敷设成功，将信息的传递时间由 3 天缩短至 1 个小时。这条海底电缆服役时间长达 40 年，主要用莫尔斯电码传送交易信息。

这是世界经济领域一个惊天动地的变化。每个人都预感到，信息将会以前所未有的速度传播。

英国也逐步修建起连接本土与欧洲其他国家的电报电缆，主要服务于金融数据的互通。于是，为伦敦城日后的繁荣发展提供坚实支撑的基础设施系统就这样被建立起来。

机动战舰的第二次与第三次对决：在克里米亚以及中国爆发的海战

接下来，一场新的战争拉开序幕。当然，这仍是一场海战。1853 年，奥斯曼帝国愈发衰败，俄国人意图借此机会实现千年以来的雄心：进军黑海。1853 年 11 月，俄国人摧毁了奥斯曼帝国在黑海沿岸的锡诺普港口。1854 年，英法两国担心俄国会称霸黑海并挑战它们在地中海的地位，因此决定支援土耳其人。一批法国装甲蒸汽战舰（还是由上文提到的工程师迪皮伊·德·洛梅设计建造）穿越博斯普鲁斯海峡，逆风驶向黑海。1855 年，这批战舰又向俄国人在黑海地区的重要防线——位于今乌克兰第聂伯河南岸的金伯恩要塞——发起袭击。起初，法国和英国的炮舰有规律地对天放空弹，意在向俄国人宣告战争即将开始，同时也是在给装甲炮舰舰队提供战斗准备时间。4 个小时中，英法联军的炮舰发射了 3 000 余枚炮弹，虽自身也中弹近 200 枚，但在船身坚固装甲的保护下，并无太大损伤。要塞最终被攻破，俄国人只得退让。

1856 年，《巴黎和约》的签订为克里米亚战争划上了句号。黑海成了“中立区”，任何军舰都不得在黑海过境，也不得在此建立军事要塞，从而确保了商船在博斯普鲁斯海峡和达达尼尔海峡内的自由通航。法国人和英国人由此得以在黑海海域维持贸易活动，并在靠近俄国边境的地带安置舰船。此外，该和约还禁止海上游击战，禁止在海上扣押敌方舰队的财产（违禁走私物品除外）。俄国战败，但奥斯曼帝国也没有从此变得强大起来。

面对装甲战舰的胜利，各个大国的海军舰队纷纷弃用木质船壳的战舰，开启了法语中所说的“装甲舰时代”（ère des cuirassés）。“装甲”（cuirassé）一词与骑士的“护胸甲”（cuirasse）相近，体现了法国人对往昔的怀念。

同年，茶叶消费量不断增长的英国意欲扩大对中国的鸦片贸易，赚取丰厚利润。中国政府想尽一切办法展开对抗，“亚罗号事件”引发了第二次鸦片战争。

1859年，中国首都北京再次面临威胁。这一次，英法两国的联合海军对天津港——北京军需补给的来源地——实施围攻。但大沽口一役却以清军的胜利而告终。于是，英法联军决定发动更大规模的袭击。他们逆海河而上，占领北京，并于1860年10月18日火烧圆明园。承认战败的中国政府于1860年签署《北京条约》，向欧洲人增开11处通商口岸；英法两国各获得战争赔款800万两白银。九龙半岛南部也被割让给英国，英国在香港的贸易区范围由此得到极大扩张。

这一时期，最后一批帆船和明轮船退出了海军舰队和商业船队。拿破仑三世下令为法国海军新增快速战列舰40艘，中型及小型战列舰共90艘，还有用于海岸及港口防务的特殊战舰。

1857年，美国实业家塞勒斯·菲尔德在爱尔兰和纽芬兰之间开启了第一条横跨大西洋的海底电缆敷设工程。人们将当时世界上最大的舰船“大东方号”改装成海底电缆敷设船并投入工作。这条电缆总长 4 200 千米，重 7 000 吨，以在今天看来非常慢的速度传送莫尔斯电码，并且在仅仅运行 20 天后便出现了故障。这艘敷设船随后继续为英国人服务，于 1870 年完成了从布雷斯特至圣皮埃尔和密克隆群岛以及从亚丁至孟买共计 5 条海底电缆的敷设工作，总长近 4.8 万千米。1871 年，“大东方号”把电缆敷设到了香港，1872 年又敷设至悉尼。

从这一时期开始，大西洋上的货运和客运工作就由螺旋桨蒸汽船来完成，此类汽船大部分由英国人制造。当时的船运公司主要有塞缪尔·冠达创办的冠达邮轮公司、威廉·英曼创办的英曼公司、伊桑巴德·金德姆·布鲁内尔创办的东方航运公司，以及亚瑟·安达信创办的半岛东方蒸汽船航海公司。

19 世纪 50 年代末，人们开始使用石油。最初，石油主要用于大城市的照明。1857 年，布加勒斯特成为世界上第一个利用石油为公共照明提供能源的城市。1861 年，全球第一艘油轮“伊丽莎白·瓦茨号”离开费城，在大洋上度过了危险重重的 45 天，最终抵达伦敦。这艘油轮载重 224 吨，当时的油箱还未能做到完全密封。

海洋，依旧充满危险。这一时期，英国每年仍有约 3 000 名海员葬身大海。海员在船上的生活条件也依旧非常艰苦。

美国南北战争与早期潜艇

1860 年 11 月 6 日，支持废除奴隶制的亚伯拉罕 · 林肯当选为新一任美国总统。南方各州坚决拒绝并宣布独立。次年，南北战争爆发。

当时，无人能料到，海军会在这场战争中起到举足轻重的作用。就像近 90 年前，无人能预知海军会对独立战争做出重大贡献一样。

美国南方不能自给自足，因此，像先前所有依赖进口而崛起的强国一样，南方联盟必须掌握制海权。然而，海上作战并非美军强项，且南北双方海军力量都很弱，因为美军主要由庞大的骑兵团组成。北方海军在战争初期仅有 12 艘蒸汽战舰，南方则更少。

1862 年，林肯决定对南方实施海陆双重封锁。为此，北方必须牢牢控制住长达 5 600 千米的海岸线和包括新奥尔良、莫比尔在内的 12 个重要港口。除此之外，还必须加强密西西比河的防御。于是，林肯下令在众多造船基地（包括费城）兴建大量舰船。由于法国拒绝向南方邦联出售船只，后者只得在英国展开造船工程，其建造的多为装配炸弹的蒸汽艇。这场战争中值得一提的还有史上第一艘潜水艇——北方联军的“短吻鳄号”。这艘潜艇长 14 米，起初靠手动划桨前行，后改进为靠摇动手柄带动螺旋桨旋转前行，但它依然是手摇动力潜水艇。该潜艇的任务是在战舰的吃水线下安置水雷。1864 年 2 月 17 日，南方邦联的“汉利号”手摇动力潜艇击沉了北方联邦军的“豪萨托尼克号”战船。然而，林肯先前的封锁战略被如期执行。1864 年 8 月 5 日，北方海军甚至成功地封锁了南方邦联最后一个重要港口——位于墨西哥湾的莫比尔港。

北方联军的封锁使南方地区无法顺利获得来自北方的必需品供应，这引发了严重的通货膨胀，南方大批银行因此破产。南方联军也无法获取喂养战马必需的盐，李将军的部队在最后几场陆战中节节溃败。1865 年 4 月 9 日，南北战争就这样以北方的胜利结束了。

历史再一次证明，海洋决定了一切。

法国人的幻想——第一条大运河

19 世纪上半叶，欧洲与亚洲的贸易逐渐繁荣起来。拥有世界第一大商业船队的伦敦始终是全球第一大港，同时也是全球第一大货仓。西印度船坞公司、东印度船坞公司和皇家维多利亚船坞公司都坐落于泰晤士河沿岸，并且都规划与亚洲展开贸易往来。当时，从欧洲出发前往亚洲，依然需要绕道非洲，这是唯一可通行的路径，自古以来不曾改变。从英国出发的船只，仍旧需要 35 天才能抵达印度。去往中国几乎

“短吻鳄号”（上）和“汉利号”（下）

美国南北战争中北方联军和南方联军投入使用的潜艇。其中“短吻鳄号”是美国海军建造的第一艘潜艇，同时代开始连载的《海底两万里》中的“鹦鹉螺号”正是以此“短吻鳄号”的设计为蓝本

需要双倍的时间，去澳大利亚则需更久。

于是，人们萌生了开凿运河的想法，这样可以径直穿越非洲而无须绕道。这是法国人的创想，他们准备在地中海与红海之间陆地的最狭窄处（距离亚历山大港 300 千米）修建苏伊士运河，目的是削弱英国人在埃及的影响，阻碍英国与印度、中国的贸易。斐迪南·德·雷赛布和他的万国苏伊士海运运河公司在拿破仑三世的支持下，从奥斯曼帝国领导人那里获得了运河开凿权。这条运河宽 280~345 米，深 22.5 米，可以容纳螺旋桨机动船通行，尽管机动船在当时的全球运输船总量中仅占 5%。

法国似乎大获全胜，仿佛在这第七次尝试后，终于能成为海上强国。

1869 年，儒勒·凡尔纳以此为主题创作的科幻小说《海底两万里》出版。书中，以美国南北战争中北方联邦军潜艇“短吻鳄号”为原型的“鹦鹉螺号”是一艘长约 70 米、能在海平面下 8 000 米至 1.2 万米（与该书出版 6 年后才被发现的马里亚纳海沟深度相当接近）处航行的电力驱动潜水艇。而在现实生活中，如此庞大的潜艇直到 1930 年才问世。

苏伊士运河也在 1869 年建成，欧仁妮皇后（拿破仑三世的妻子）出席了竣工典礼。从此，欧洲各港口到印度孟买的航程由原来的 1.7 万千米缩短至 9 900 千米，航行时长由原来的 35 天缩短至不到 20 天。

20 年来，在实现海军现代化方面比其他所有国家都要努力的法国，对海洋霸权可谓胜券在握。然而，就在苏伊士运河落成仅仅几个月后，法国在明知形势不利的情况下毅然发动了一场愚蠢的陆上战役，这就是普法战争。在这场战争中，双方骑兵对抗，法国却并没有做好战斗的准备。法兰西皇帝历经 20 年建立起来的海军战队（共有蒸汽船 321 艘，其中战列舰 55 艘、巡洋舰 115 艘、运输船 52 艘），在这场战争中毫无用武之地。

法国在色当战败，法兰西第二帝国覆灭。德意志帝国兴起，与美国一样成为英国的新劲敌。

苏伊士运河通航 6 年后，英国趁法国衰落之时，以低廉的价格从埃及手中收购了苏伊士运河公司的股份。又过了 13 年，包括英国在内的多个国家于奥斯曼帝国首都伊斯坦布尔（埃及当时仍处于奥斯曼帝国统治之下）签署条约，赋予苏伊士运河国际运河的地位，各国船只均可自由通行。

从此，人们在海上的安全性大大提高。由于船舶外壳被改进，遇难事件已不再频发。战斗力强大的战列舰队只可能由国家组建，而非个人或小团体所能企及，因而海盗几乎消失殆尽。

技术革新与第二条大运河

当时，英国人在海上可谓畅行无阻：坐落于利物浦和格拉斯哥的运输公司掌控着途经苏伊士运河去往亚洲的新海路。对亚丁、卡拉奇和香港的侵占也使英国的世界霸权得到了保障。1872 年，英国制造了第一艘专门用于敷设电报电缆（当时电报信息还是以莫尔斯电码传送）的船只，并在世界各地展开敷设工作。1877 年，全世界海底电缆总长为 118 507 千米，而由英国敷设的就长达 103 068 千米；法国敷设的电缆长度仅为 1 246 千米，德国 752 千米，美国为零。

斐迪南·德·雷赛布又开始构想一条新的运河，这一次是在中美洲中部开凿，目的是将纽约至洛杉矶的航程缩短一半以上（从 22 500 千米缩短至 9 500 千米），如此一来，日本至纽约的航程也随之缩短。1882 年，他创立的巴拿马洋际运河环球公司开始修建运河，但同年的一场地震中断了此项工程。

与此同时，对海洋资源的过度开发首次引发了人们的担忧：在大海上捕鱼的，不再仅仅是当地的家族企业，还有许多大公司。如成立于不来梅的德意志北海蒸汽船捕鱼公司，就拥有十多艘大型捕鱼船。值得关注的是，捕鲸业的工业化使每年捕获的鲸鱼数量由先前 1880 年的 1 000 头增至后来的 2 万头。1902 年，丹麦、芬兰、德国、荷兰、挪威、瑞典、俄罗斯和英国为此创立了世界上第一个国际海洋科学组织——国际海洋考察理事会，总部位于哥本哈根，主要负责监控和限制波罗的海海域的渔业。

丹麦人的捕鲸站

17世纪荷兰画家亚伯拉罕·施佩克绘制，位于丹麦斯瓦尔巴群岛一带的捕鲸站。17世纪的丹麦人和荷兰人已经开始从鲸油工业中获取暴利，并通过对捕鲸业的操控获得了政治影响力

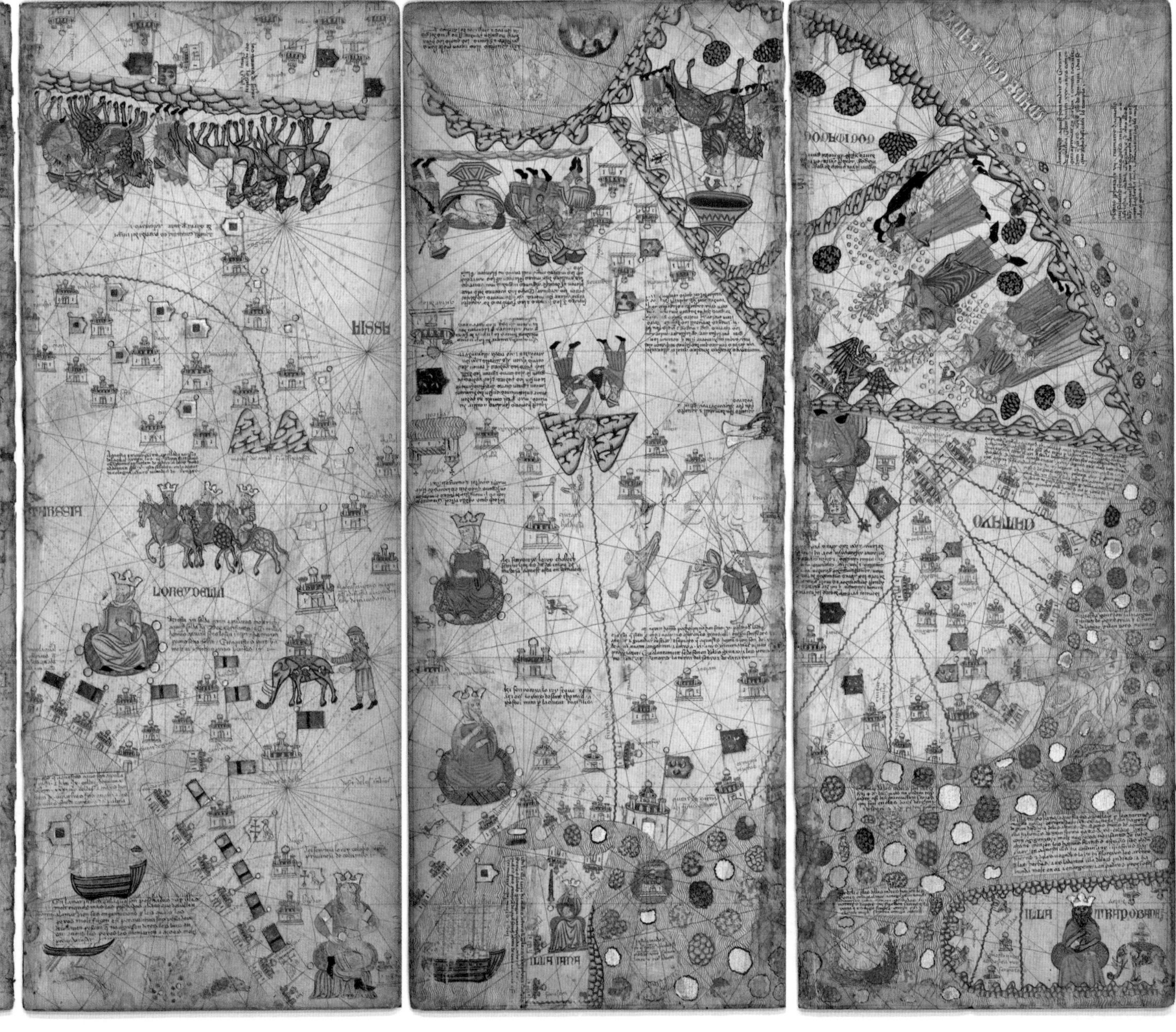

Atlas from the 14th century attributed to Abraham Cresques *1375*

Atlas from the 14th century attributed to Abraham Cresq

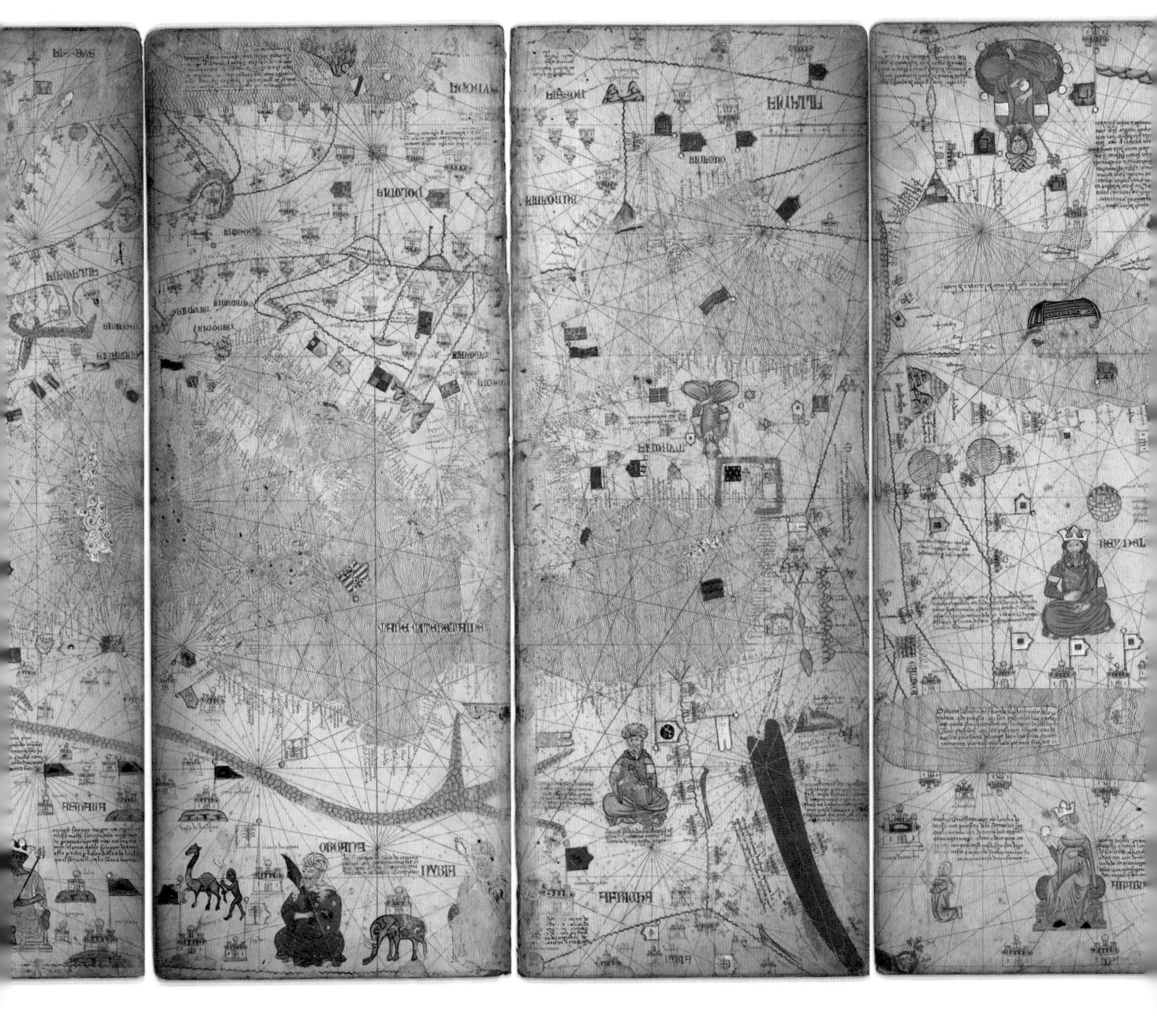

es 1375

出自《加泰罗尼亚地图册》，即用加泰罗尼亚语绘制的
犹太裔制图师亚伯拉罕·克雷斯克斯及其子犹大，受阿
所有地图，涵括整个东方和西方，以及直布罗陀海峡以
能够将这份最新、最全面的航海图送给他的亲戚，法国

地图由6张64.5厘米长，50厘米宽的细羊皮纸组成，地
宇宙结构学、天文学、占星术、潮汐以及在夜晚航程中
的第3页至第6页部分，这幅庞大的地图将整个世界划
冷，它也是地图上的“极点”。图中用蓝色的线条描绘

地图左侧的两页，即大西洋与环地中海的部分几乎与当时
港口或海湾有关的地图”）无异，它清晰、写实地描绘
直线，以交会的中心点来表示划分出的32个方位。这种
时代的西班牙、葡萄牙等国的航海活动具有重要价值，
洲地区以及印度洋海岸线的描绘也显示了当时航海探索

与这种写实性描绘形成鲜明对比的是，地图中不为探险
甚至是神话内容联系起来。例如地图左端，罗盘玫瑰右
下的“幸运岛”；地图左下角的船只竖立着阿拉贡王国
年8月10日乘货船出发寻找黄金河”。地图还反映了《马
载，如地图右端环绕着河流、海岸的“Catayo”就是元
按圣经故事中对世界边界的记载描绘的，因此整个远东
象、见闻与神话传说相交织的景象。

纪世界地图册，完成于1375年。据传
的约翰王子委托绘制一幅“超越当代
有地带”的航海图。而约翰王子希望
查理六世。

的前两页以加泰罗尼亚语记载了关于
时间的方法等信息。本图为原地图集
东西两个部分，世界的中心是耶路撒
、河流与湖泊。

特兰海图（portolan chart，意为“与
口和海岸线的情况，并绘有放射状的
的绘制始于13世纪，对于地理大发现
海图也是高度保密的文件。地图对非
果。

悉的地域，则与各种游记、民间传说
岛屿被标注为古罗马作家老普林尼笔
帜，旁边写着“雅克·费雷尔于1346
罗游记》以及《曼德维尔游记》的记
治时期的中国。而其东部的海岸又是
笔下呈现出14世纪西欧人的知识与想

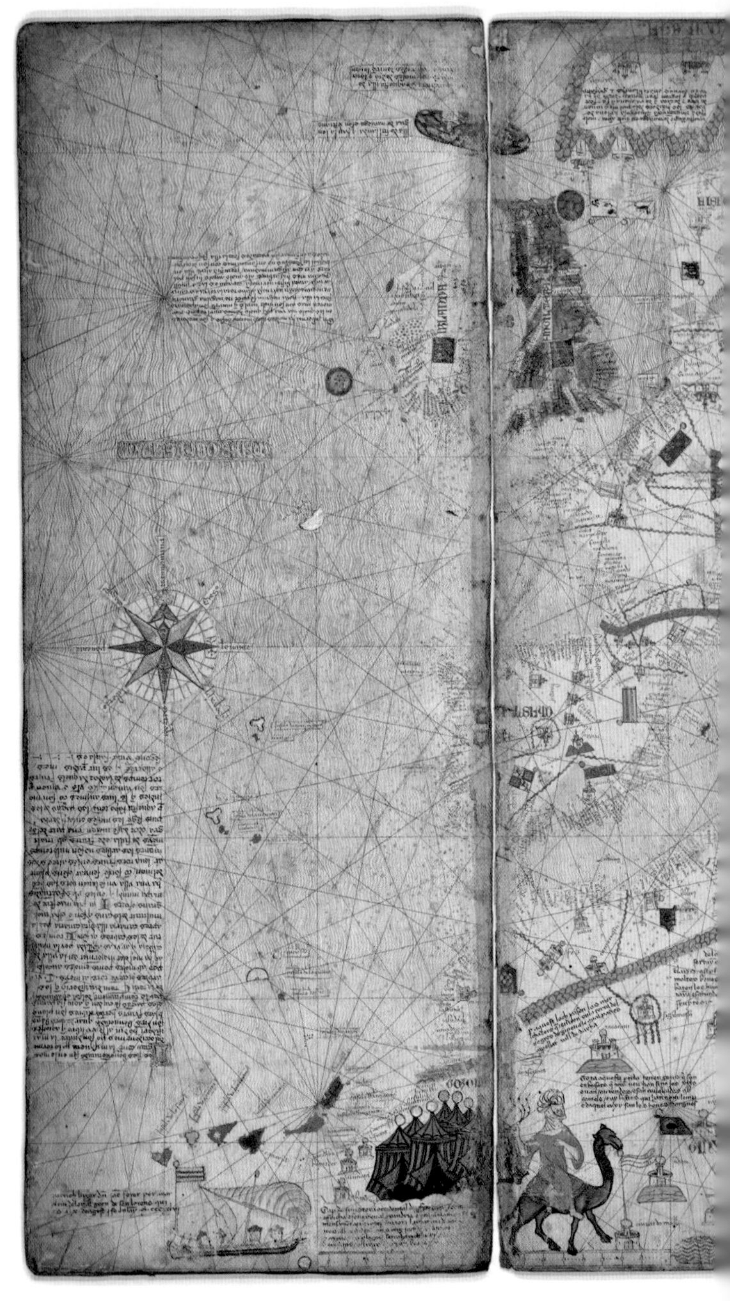

Histoires de la mer

Jacques Attali

1889 年，在巴拿马，黄热病、洪水及金融丑闻使巴拿马洋际运河环球公司最终破产。先前购买该公司债券的 10 万名投资者血本无归。之前在雷赛布手下负责运河修建的法国工程师菲利普·比诺-瓦里亚创办了另一家公司——新巴拿马运河公司。后来，运河开凿项目主要由这家公司接手，但工程始终未能正式开展。

殖民之志，始于海上

1890 年，美国海军总指挥阿尔弗雷德·赛耶·马汉所著《海权对历史的影响，从 1660 年到 1783 年》一书出版。他在书中以英国及其海军总指挥纳尔逊将军为例，详细阐释了何为“海上强国”。该书对继任的诸位美国总统产生了深远的影响，激发了他们对于美国之外的世界其他地方的好奇心，并促使他们为此配备一支强大的海军。

1891 年，英法之间第一条海底通信电缆敷设成功。从此，除莫尔斯电码以外，人的声音也实现了远距离传送。这一革新给人类社会带来了巨大变化。

与此同时，在亚洲，一个新兴的强国在海上崛起，这就是日本。它是继苏门答腊岛上强大的室利佛逝后，15 个世纪以来亚洲兴起的第一股强大力量。

1894 年初，朝鲜爆发农民起义，朝鲜国王向中国寻求援助。而 1868 年起在现代化建设上大步前进的日本，则以帮助朝鲜对抗中国为由，趁机以最快的速度向朝鲜输送一支舰队，外加 8 000 兵力。中国与日本之间的战争就这样爆发，海洋成了主战场。1894 年 9 月 17 日，中国舰队（2 艘战列舰、8 艘巡洋舰、2 艘小型战列舰及 2 艘鱼雷艇）于鸭绿江口被一支稍显弱势的日本舰队（9 艘巡洋舰、1 艘小型战列舰、1 艘炮舰及 1 艘备用巡洋舰）摧毁。1895 年 2 月，清政府投降并签署《马关条约》，将台湾岛割让给日本。6 个世纪前，忽必烈在海上输给了日本人，而这次与日本的交战再次以中国失败告终。

1898 年 2 月，美国也开始了海上冒险。古巴人民反对西班牙殖民者的起义导致了正在当地执行礼节性访问任务的美国“缅因号”战列舰遇难，266 名海员丧生。尽管此次事件后来被证明可能是意外因素所致，但在当时的确成了美国向西班牙开战的导火索。美国由此踏上海战之路，在菲律宾（自 16 世纪起被西班牙殖民）和古巴先后展开了激烈的战斗。

1898 年 5 月 1 日，在马尼拉湾，一支由 7 艘战舰（配备 163 门大炮和 1 750 名将士）组成的美国舰队成功击退西班牙太平洋舰队的 8 艘战舰（配备 76 门大炮和 1 875 名将士）。紧接着，7 月 3 日，在古巴，另一支美国舰队将准备撤离圣地亚哥港的西班牙剩余战舰全部歼灭。古巴当地的西班牙势力于 7 月 17 日宣布投降。8 月 12 日，西班牙同意签署停战协定。8 月 13 日，美国占领马尼拉。12 月 10 日，根据《美西巴黎条约》，西班牙承认古巴独立，并将菲律宾、波多黎各和关岛让予美国，以美国向西班牙支付 2 000 万美元为交换条件。美国一跃成为世界一大强国，而这正是得益于其强大的海军力量。

对其他开展殖民活动的国家而言，海洋也是能够影响殖民者态度的重要因素。以英法为例，这两个国家会对非洲进行殖民，主要是基于海洋战略上的考虑：法国人意欲连通达喀尔（非洲西部的塞内加尔首都）和吉布提（位于非洲东北部亚丁湾西岸），英国人想要连通开罗与开普敦，都是为了控制内陆腹地。双方在法绍达（位于白尼罗河中游沿岸）展开对峙，有着多年海上经验的英国人不战而胜，法国人战败受辱。最终，双方签订了《英法协约》（又称《诚挚协定》）。

这一时期，德意志帝国也开始在海上，尤其是在萨摩亚群岛小试拳脚。德国人想要与早先到达此地的英国人和美国人争夺控制权，使萨摩亚群岛变成自己的殖民地。1889 年，三国于柏林签订条约，协议将萨摩亚群岛定为置于三国共管之下的保护地。1899 年，一项新的条约在伦敦签署。根据这项条约，英国退出了萨摩亚，而作为交换，位于新澳之路上更具战略意义的汤加则沦为了英国的保护国。

1901 年，美国总统西奥多·罗斯福明确赞同阿尔弗雷德·马汉将军的论断，希望美国海军能够获得太平洋的制海权。

战争的阴云笼罩于海上

决心称霸大西洋与太平洋的美国，绝不容许两洋之间巴拿马运河工程的掌控权落入他人之手，尽管这一工程尚未开始。

为实现霸业，罗斯福总统于 1903 年策划了一场促使巴拿马脱离哥伦比亚的独立运动。美国国务卿海约翰与法国工程师菲利普·比诺-瓦里亚（接手运河开凿工程的公司里最大的股东之一）签订条约。条约规定，从运河中线向两岸各延伸 8 千米所形成的区域称为运河区，运河建好后，运河区完全由美国控制。刚刚获得独立的巴拿马未能参与条约的订立，但面对美国向其支付的 1 000 万美元的费用和每年 25 万美元的租金，只得忍气吞声。运河的修建也交予美国军队的工程师团队负责。这标志着美国第一次获得了海上控制权。

但在当时，各大洋依然主要由英国人掌控。1905 年开始兴建的“无畏号”战列舰更是巩固了英国的霸主地位。俄国、法国、德国，甚至是美国都无法与之抗衡。

同年的日俄战争中，来自波罗的海的俄国战舰意图经苏伊士运河奔赴日本群岛外海的战场，但遭英国人拒绝，最后战败。可见，英国的态度具有某种决定作用。

因为无法通过苏伊士运河，俄国人出于无奈，只得绕道好望角，航行足足耗时 8 个月。1905 年 5 月，刚刚抵达日本外海的俄国舰队立即投入战斗，在日本群岛西南处展开的对马海战中惨遭失败。于是，俄国只得请求停战，将满洲的一部分领土出让给日本。它也成为继 1453 年奥斯曼土耳其攻占君士坦丁堡之后，第一个被东方强国打败的基督教国家。

一个月后，即 1905 年 6 月，“波将金号”战列舰上爆发士兵起义，俄国海军士气愈发消沉。可以说，俄国在对马海战中的失败在一定程度上引发了 1917 年的俄国革命。

与此同时，欧洲再次面临战争的威胁，而这场战争又是源于海上。德皇威廉二世推出一项兴建战舰的宏伟计划，这是英国人无法接受的。对后者而言，形势似乎愈发明确，只有通过一场大规模战争才能防止德国后来居上。

出于准备，英国于 1907 年与法俄结成联盟。战争一触即发。

第一艘航母与重大沉船事件

在美国，一场影响深远的重大海上技术革新没能真正引起人们的关注；而一出影响甚微的沉船事件，却引得大批媒体竞相报道。

1910 年 11 月 14 日，机械师出身的飞行员、年仅 24 岁的尤金·伊利在纽约港首次驾驶飞机从“伯明翰号”轻型巡洋舰上成功起飞。次年 1 月 19 日，他又在旧金山湾进行了难度更大的降落试验，成功地落在“宾夕法尼亚号”重巡洋舰上。9 个月后，即 1911 年 10 月 19 日，伊利在一次试飞过程中不幸丧生。世界上第一批航空母舰就这样向世人宣告了它们的到来，这在军事史上具有划时代的意义。

1912 年 4 月 14 日夜间至 15 日凌晨，英国白星航运公司旗下号称“永不沉没”的皇家豪华邮轮“泰坦尼克号”，在从英国南安普敦驶向美国纽约的途中，因速度过快撞击冰山，2 小时 40 分钟后便沉没海底。由于船上没有配备足够的救生艇（总共 2 200 名乘客，但船上全部的救生艇只能容纳 1 178 人），且船员缺乏专业培训，救助工作未能顺利展开，导致 1 500 余人丧生，仅 700 人生还。令人惋惜的是，生还人数比救生艇所能容纳的人数上限少了很多。

此次沉船事件或许大大影响了商业船队的活动，但无论如何，战争一旦爆发，民间的这类跨洋行动也都会中止，尽管 1913 年入主白宫的伍德罗·威尔逊决意不惜一切代价避免与德国开战。

这一时期，美洲继续吸引着世界上所有惨遭不幸、无家可归的人。犹太人在 1881 年遭受俄国人大肆屠杀后，加快了移民美洲的步伐；亚美尼亚人于 1896 年土耳其爆发大屠杀后，也大批移往美洲。移民潮一浪高过一浪，仅 1913 年一年，就有 257.8 万人跨越大西洋。1815 至 1914 年，共有近 6 000 万欧洲人手握单程票登上了前往美洲的移民船。

这一时期，海上贸易也越来越频繁：全球海上贸易总量在 1840 年为 670 万吨，1850 年增至 900 万吨，1880 年为 2 000 万吨，1900 年为 2 600 万吨，1913 年达 4 700 万吨。1914 年前，每年约有 3 万艘轮船跨洋航行。许多分析人士预测，世界上不会再有战争，因为各国间相互依赖程度如此之高，且新技术和新发明不断涌现：电、留声机、电话、汽车、飞机、电影、广播、电梯……

但战争依然不可避免，因为英国人和美国人无法容忍德国人在贸易上的野心，当然，最主要的还是海上贸易的野心。

1914 年 8 月 15 日，也就是在欧洲爆发战争后不到三周，巴拿马运河竣工。原本须绕道合恩角的纽约至洛杉矶航线，从 22 500 千米缩短至 9 500 千米。令人惊讶的是，又一条大运河在大战之初建成。

第一次世界大战：海战多于陆战

与 1870 年的普法战争一样，第一次世界大战最初仅在陆地上展开，但主战场很快转移至海上，尽管几乎所有的人员死伤都是陆上战役造成的。

历史的天平再次失衡，海洋在这场惊世之战中所起的作用又被忽略了。

首先，对于所有参战国而言，海洋在物资供给方面起到了极为重要的作用。所有的食物、煤炭、钢铁及武器都是从美洲、非洲和亚洲以海运的方式输送至战场的。没有一场陆上战役能够脱离来自海上的物资供给。

再者，对于各国军队而言，掌握法国北部和比利时各海港的控制权可谓至关重要。因为，英国人可以由此顺利登陆，德国人可以在此登船起航。

1914 年夏，战场转移至海上。而所有参战国却无一遵守规则，尤其违背了 1856 年克里米亚战争结束后关于中立旗问题做出的承诺。英法商船随即遭到 28 艘始建于 1906 年的德国 U 型潜艇的袭击。

1914 年 9 月，德国军队加入了海上争夺战，意欲控制法国北部和比利时各港口，尤其是加来、敦刻尔克和滨海布洛涅三处要地。得益于自身舰队的强大实力和比利时军队的援助，英军成功将德军击退。自 11 月 3 日起，英国海军在整个北海海域投放水雷，德军 8 艘 U 型潜艇被炸沉，8 艘其他船只被炸伤。自此，德国再也无法阻断协约国来自美洲和亚洲的物资供给。

而协约国的封锁反而成功阻断了非洲和大洋洲殖民地为德国输送的原材料。于是，德意志帝国只得向东部前线发起进攻，同时力图切段英法从美洲获取的武器和食物供给。

1915 年 5 月 7 日，一艘表面上运送旅客、实则为英军偷运战争物资的英国皇家邮轮“卢西塔尼亚号”被德国 U 型潜

“卢西塔尼亚号”被击沉

“卢西塔尼亚号”初建成时是世界上行驶速度最快的客轮，被称为“大西洋快犬”，乘客们甚至相信这艘船的速度足以躲避鱼雷攻击。船难燃起了美国群众对德国的仇恨情绪，部分影响了美国在战争中的对德态度

艇击沉，近 1 200 人丧生，其中有至少 124 名美国人。此次沉船事件激起了美国民众的愤慨。德国因害怕美国参战，于 1916 年停止了潜艇战。但作为回应，美国海军总指挥西姆斯加速了美国对英法两国商品和武器的输送，同时也加速了英法殖民地与地中海各战区之间的物资输送。

1916 年 3 月，英国人在“暴怒号”巡洋舰上安装了直式飞行甲板，海军少校邓宁驾驶飞机成功在甲板上降落。这便是英国的第一艘航空母舰。1916 年 4 月，德国舰队轰炸了英国的两座城市——雅茅斯和洛斯托夫特。而后，英国海军击退了德国的进攻。为获取斯堪的纳维亚的钢材，德军又试图从别处进攻。1916 年 6 月 1 日，由杰利科率领的英国舰队与舍尔率领的德国舰队在丹麦西北部的日德兰半岛附近对战。英方 6 094 人阵亡，德方 2 551 人丧生。

这场战争虽未能起到决定性作用，但德军从此丧失所有外来物资供给。

1917 年 1 月，德军再次迎战英法。由于得到了美国的军火援助，英法在武器装备上占尽优势，德国只得重新在海面以下展开潜艇战，致使美国于 1917 年 4 月 6 日正式参战。当时，有近 200 万美国士兵被输送至欧洲战场，德国潜艇的数量越来越少，且没有炸沉任何一艘协约国舰队的船只；而协约国舰队在英吉利海峡投放的水雷成功炸沉 50 艘德国潜艇。

自此，胜负已定，停战只是时间问题，尽管德国于1918年3月3日与苏俄签署《布列斯特-立托夫斯克和约》后，依旧可以将其东部军队调遣至西部前线。

1918年春，英国第一艘全通式甲板航母“百眼巨人号”投入战斗。这艘航母由原本在建的意大利邮轮改装而成，甲板上原有的上层建筑全部去除，以提供足够大的平台，确保飞机安全降落。

1918年9月，美国人意识到获得战争胜利的条件已完备（尽管他们在抵达法国之后很久才奔赴前线），开始施加自己的影响。威尔逊总统提出了“十四点”原则，并希望通过一项和平条约予以贯彻。这“十四点”原则中就包括：海上航行与国际贸易自由；限制各国海军军备；公正处理殖民地人民的请求；确保每个民族拥有自决权；阿尔萨斯和洛林归还法国。此外，协约国向德国明确表示，只有立刻停止无限制潜艇战，才能为和平对话创造条件并签署停战协定。德国人做出了让步，两个月后签署了停战协定。这再一次证明，无论对于战争还是和平，海洋都至关重要。

和约、危机与海洋

根据停战后签署的《凡尔赛和约》第二部分海军条款的规定，德国海军最多只能拥有6艘战列舰、6艘轻型巡洋舰、

12 艘驱逐舰和 12 艘鱼雷艇，不得拥有潜艇，海员不得超过 1.5 万人；位于德国领土之外的现存德国军舰通通划归协约国海军所有。此外，德国海军必须将投放于德国海岸线附近的水雷全部清除。

1922 年，美国、英国、日本、法国和意大利签署了关于逐步缩减欧洲军备的《华盛顿海军条约》。这项条约正如美国总统所愿，规定了包括战胜国在内的各国海军舰队总吨位上限。

然而，这种对海军军备的限制，这种和平主义的幻想，是不切实际的。自 1930 年起，该条约就遭到质疑，并由此诞生了新的《伦敦海军条约》。之后，又因日本宣布废除条约而无法生效。1935 年签署的《德英海军协定》允许纳粹德国突破《凡尔赛和约》的限制，规定其海军总吨位可以达到英国的 35%。希特勒就这样厚颜无耻地打破了军备限制。

此时，经济危机爆发，全球贸易遭受重创。直至 1938 年，商品运输量才重回 1929 年时的水平。客运量从 1913 年的 257.8 万人减少至 1924 年的 78.5 万人，直至 1930 年才有所回升，客运总量达 100 万人。两艘原本在危机前就已问世的客轮——1932 年建成的“诺曼底号”和 1936 年完工的“玛丽王后号”——在危机过后才正式投入使用。

随着方便旗[1]的出现，美国数十艘藏匿着赌场和地下酒庄的邮轮都能顺利停泊于美国境内的水域。

各国都开始摩拳擦掌，积极筹备战事。德国、日本和美国迅速建立起各自的海军部队，建成首批航母。1937 年，日本成为太平洋地区海军实力最强的国家，全球排名第三，位居美国和英国之后。日本政府用于海军方面的预算占全国总预算的 15%，远高于美国（7.5%）和法国（5.3%）。法国海军当时拥有 76 艘战舰，其中有 2 艘新建的“敦刻尔克级”战列舰、3 艘“普罗旺斯级”战列舰、2 艘尚未完工的其他类型战列舰（“黎塞留号”和“让·巴尔号”）、18 艘巡洋舰、32 艘驱逐舰、26 艘鱼雷艇、1 艘水上飞机母舰（“塔斯特司令官号”）及 1 艘航空母舰（“贝亚恩号”）。此外，还有 78 艘潜艇，其中“叙尔库夫号”是当时世界上最大的潜艇。

与此同时，一项新发明引领人类进入了别样的未来世界：英国人弗兰克·惠特尔在法国人勒内·洛林 1908 年的设想基础上，发明了世界上第一台喷气发动机。1930 年，他申请了专利，并于 1937 年 4 月 12 日进入了最初的试验阶段。同年，德国工程师汉斯·冯·奥海恩研制出多个喷气发动机原型。

---

[1] 指的是一国的商船不在本国而在他国注册，不悬挂本国旗而悬挂注册国国旗。西方国家的商船有很多是在其他国家注册的，这是为了逃避本国的法令管制，减少税收的缴纳或工资等费用的支出。——译者注

1939 年设计的第一架喷气式飞机原型采用的就是奥海恩的发动机。这架飞机就是 He-178 喷气式试验机，于 1939 年 8 月 27 日首飞成功，希特勒为之鼓掌喝彩。

三天后，世界大战再次爆发。

太平洋——第二次世界大战的起点与终点

战争再次打响，最先在亚洲，还是在海上。1937 年，拥有数艘航母的日本，也具备了开展空袭的能力，可以轻而易举地向中国沿海地区输送兵力，攻占菲律宾、马来西亚、斯里兰卡和缅甸也成为可能。

1939 年，德国也想速战速决，但其海军力量并不足以保证外来农产品（主要从法国和美国进口）和铁矿石（从瑞典进口）在本土的长期供应。

自 1940 年初起爆发的两场海上事件决定了二战时期欧洲战场的结局。

起先，如同“一战”期间一样，德军为获取制造武器所必需的原材料，试图在瑞典打开铁资源宝库的大门。作为回应，1940 年 4 月 18 日，同盟国在挪威对德发起猛烈袭击，德军损失了 1 艘重巡洋舰、2 艘轻巡洋舰、10 艘驱逐舰和 6 艘潜艇。希特勒只得转战东方，以获取战争物资。于是，德国单方面撕毁《苏德互不侵犯条约》，进而入侵苏联。德军放弃大西洋，制海权落入英美之手，同盟国将士便轻而易举地踏入了北非和欧洲的战场。

接着，与1914年一样，英军自1940年春便开始极力封锁德军进入北海和大西洋的交通要道，但由于法军溃败，英军在1940年5月陷入困境。于是，英国人派出39艘驱逐舰，还有诸多扫雷艇、拖船、轮渡、快艇、拖网渔船，成功将338 226名士兵从敦刻尔克安全撤回（其中包括123 000名法国和比利时士兵），逃出了德军的魔爪。此外，英国人在米尔斯克比尔港摧毁了法国舰队，法国人在土伦也亲手摧毁了自己的舰队。于是，德国人一无所获，失去了大西洋、波罗的海、地中海的制海权，只得转战东方。

至此，从某种意义上说，欧洲战场大局已定。

同样，日本也自知无法在对美国的持久战中获胜，于是，他们制定了袭击夏威夷的计划，以打击美军士气，使其从此远离战场。1941年12月，日军出动350艘战斗机，以及包括6艘航母在内的20余艘战舰，偷袭了美国在夏威夷的珍珠港海军基地。美军除3艘在海上执行任务的航母幸免于难外，有2 403名士兵阵亡，4艘主力舰被击沉。但出乎日本人意料的是，此次行动反而使美国人加入了战争。

起初，美军在西太平洋战场与日军交战，屡战屡败，日军占领了密克罗尼西亚地区原属美国的群岛，以及阿拉斯加西南部阿留申群岛中的个别岛屿。1942年5月，日军甚至在新几内亚北部成功登陆，对澳大利亚构成直接威胁。

但美国人并没有退却。1942 年 6 月，太平洋上爆发的中途岛战役成为战争的转折点。由包括“勇往号”在内的 3 艘航母、7 艘重型巡洋舰、1 艘轻型巡洋舰、15 艘驱逐舰组成的美国舰队与由 4 艘航母、2 艘战列舰、2 艘重型巡洋舰、1 艘轻型巡洋舰和 8 艘驱逐舰组成的日本舰队在海上展开激战。日军损失惨重，损失了 4 艘航母和 3 057 名战士。尽管日本制订了大兴战舰的计划，却无法弥补在这场战役中遭受的重大损失。而美国却凭借极高的生产效率快速建成包括战列舰、鱼雷艇、巡洋舰和驱逐舰在内的大批舰船。

自 1942 年起，各同盟国海军联合起来，为各战区输送兵力与物资，尽管加拿大军队于 8 月在迪耶普登陆失败。德军的陆上兵力输送速度十分缓慢，尤其是对隆美尔将军所在的北非战场。苏联战场上，德军在列宁格勒（今圣彼得堡）和斯大林格勒（今伏尔加格勒）也遭遇严重阻碍。

1942 年 11 月，英美联军登陆北非，使德军获取海湾石油的希望最终破灭。此次登陆成为德军侵占法国南部非占领区的导火索，也迫使希特勒转而力图获取阿塞拜疆的能源。1943 年，盟军在意大利南部登陆，意大利海军毫无招架之力，德军也无法派出更多的部队前往马格里布、利比亚和埃及对抗盟军。此外，德军在斯大林格勒遭遇苏军顽强抵抗，德国希望从东方获取燃料供给的幻想至此破灭。

在这不见天日的战争时期，雅克-伊夫·库斯托和埃米尔·加尼昂于1943年在土伦发明了水肺（自携式水下呼吸装置），为海洋生态学的诞生和石油勘探提供了条件。

欧洲战场上，美军在意大利的登陆显然不足以达到快速结束战争的目的。为此，还需要在大西洋沿岸登陆。1944年6月6日，盟军在诺曼底成功登陆。这是人类历史上最大的一次海上登陆战役。

作战舰队由6 939艘舰船组成，其中战列舰1 213艘、运输船4 126艘、支援船1 600艘（商船数量庞大）。几天之内，十几万将士成功登陆。尽管最初几天盟军有所损失，但登陆队伍势不可当。

与此同时，太平洋战场上，美军潜艇摧毁了日本海空舰队。1944年7月21日至8月10日的关岛战役中，日军死伤惨重，美国最终胜利，并由此获得了在关岛这一距离日本2 600千米的岛屿上建立海陆军事基地的权力。如此一来，日本群岛内所有的防御工事都处于美国空军的轰炸范围之内。

就在这时，忙于击退入侵德军的苏联并未加入海战，因为斯大林对苏联海军将领缺乏信任，认为他们会威胁到自己的政治地位。他下令建造的都是些小型战舰，没有一艘航母。然而，苏联毕竟是战胜国，斯大林作为战胜国的领袖，召集同盟内部其他国家元首在雅尔塔举行会议。他请求将位于日本北面的千岛群岛交予苏联，以此作为对抗日本的海上战略阵地。但其他与会国提出的交换条件是苏联必须攻打日本。于是，苏联最终同意美国早在3年前就提出的请求——与日本交战。来自苏联一方的威胁，与广岛、长崎受到的轰炸具有至少相同分量的影响力，迫使日本于1945年8月寻求停战。

如果说，第二次世界大战无论在欧洲战场还是亚洲战场均以陆上战争（攻占柏林和东京）结束，那么，制海权则自1940年起就决定了战争的结局。日本与美国在海上签署停战协议就是标志。

二战末期，美国海军拥有近1 200艘大型战列舰及数量更多的兵力运输船。其中大多数船只后来都转而成为美国商业船队的中坚力量。

集装箱与海运全球化

（1945年至2017年）

1945年以来，东西方阵营的紧张局势首次迎来了相对和平的时期。这一时期，即使东西方海军舰队相互挑战、对峙，海面与海底部署的核潜艇装载的核武器杀伤力也越来越大，足以毁灭人类好几次（我们将会在下一章继续讲述这个话题），但海洋运输依然是全球主要的货运方式，尽管人们的出行方式几乎已经不再倚赖海洋。

甚至可以说，人类的生存越来越依赖海洋：近海地区的居民数量不断攀升。2017年，世界人口的60%都居住在距离海岸150千米的区域内，而一个世纪前，这一数字还不到30%。

海洋正在成为经济增长的重要场所，也因此承担了巨大的压力。在海面上以及沿海地带，经济活动比以往任何时候都要频繁：人们积极建设港口，发展造船业、捕鱼业、水产养殖业及旅游业，此外，还开展航运、信息传输及海洋资源勘探等其他活动。总而言之，与海洋紧密相连的各类经济活动，构成了人类社会中仅次于农业食品生产的第二大产业。而即使在农业生产过程中，也有部分环节与海洋息息相关。

为了使海洋能够满足人们急速增长的经济需求，在两次世界大战的尾声，一项不起眼的发明应运而生。这项发明如此简单，甚至我们自己都可以动手制作，但它却是货运变革中必不可少的一环。

对海洋的巨大需求

第二次世界大战结束时，空运似乎正在取代海运，至少在客运方面是这样。

早在战前就创建起来的首批商业航空公司在战争期间停止运营，战后很快就重现生机。1952 年 5 月 2 日，英国海外航空公司旗下的一架“彗星号”客机作为首架喷气式客机穿越大西洋，速度是普通飞机的两倍。1958 年，美国波音公司推出 707 客机。同年，法国南方航空公司推出“快帆”客机，之后，与另外几家公司合并组成法国宇航公司。轮船客运的辉煌时代至此终结。

然而，1960 年 5 月 11 日，法国政府开始修建著名的“法兰西号”。该船于 1962 年 1 月 19 日完工，而同时期，其他国家大部分固定航线的邮轮都被拆掉武器装备，或是被改造成游轮。“法兰西号”很快也步了后尘，变成“挪威号”。

当时，有人预言航船货运很快也会被空运取代。但事实上，人们随后意识到这完全不可能发生，因为诸如石油、小麦、牲畜、机床、卡车、小型汽车、家用电器等产品都无法通过飞机运输；即使是铁路和公路运输，也只能在有限的范围内进行。然而，这些货物的运输需求却大大增长，尤其是当时亟待重建的欧洲格外需要美国主导的马歇尔计划自 1947 年起资助欧洲的种种机器。

只有海洋能满足这样的运输需求。但如何运输呢？那些曾经在太平洋上叱咤风云并为诺曼底登陆效过力的美军舰船，有许多都被改装成商船。然而这还不够，因为这些“散货船”只能运输散装货物，故机器运输不得不将散装零件运至目的地后，在当地工厂重新组装。此外，港口的复杂情况也会影响整个商业流程，因为码头装卸工成千上万，仓库嘈杂混乱，货运卡车时常面临严重的交通拥堵，只能缓慢移动。

于是，20 世纪 40 年代末，由于缺乏足够的运力及适宜的物流方案，全球经济增长逐渐停滞。通货膨胀席卷了整个西方世界。

集装箱掀起的革命

很快，一项简单的发明改变了一切。凭借这项发明，人们可以实现对所有易损物品的存放、搬运以及远距离航运。它还可以被大量层叠堆放在船只上，无论在何种天气下，都能极大程度地保证货物安全。这项发明就是集装箱。集装箱看似普通，却具有绝对的重要性，它为战后“黄金三十年”中世界经济的腾飞提供了可能。

1949 年，即二战结束后不到 5 年，受雇于法国弗吕霍夫挂车公司的美国工程师凯斯·坦特林格设计出一种大型金属货箱，货箱内部可以叠放并固定各种复杂货物（如汽车、机床、家用电器、医药用品及其他包装好的产品），且放入其中的物品无须拆卸。这种货箱可以运上船，货箱之间由绳索牢牢固定。船只到港后，货箱可以卸载至挂车上运走。最重要的一点是，坦特林格悉心设计的货箱可以在船只货舱内大量堆放，以便充分利用空间。

然而他的设想未能实现：因为当时的货箱成本过高，无法实现商业盈利。但坦特林格没有轻言放弃，他四处寻求合作者改进设计。5 年后，即 1954 年，他遇到一位美国公路货运业大亨——马尔科姆·麦克林。此前不久，麦克林为了保障他的卡车运输，收购了泛大西洋轮船公司。这家公司拥有 37 艘船只及 16 处港口的通行权。坦特林格与麦克林展开合作，他们共同设计了一款10米长的集装箱，与泛大西洋轮船公司新购入的两艘油轮货舱尺寸相适宜。此款设计非常成功。两年后，即1956年，他们组织生产了200个这样的集装箱，使用效果很好。1958年，他们又制造出一批专门用于运输集装箱的货船，每艘货船能容纳226个集装箱。1960年，他们将集装箱的长度缩短至20英尺[1]，约为6米，这一规格如今成了集装箱的国际标准计量单位（也称“标准箱”，即20英尺箱）。

其他货船也随之改进，人们将200米长的货船改装为集装箱船，最多可容纳800个标准箱。

1967年，国际标准化组织提议将集装箱的尺寸限定为三类，长度分别为20英尺、30英尺和50英尺，宽度均为8英尺。很快，这些标准被所有船舶公司采纳，所有货船在制造过程中都会参照这一标准。

集装箱的广泛运用

集装箱的大规模运用始于越南战争。那时，美国人用集装箱将武器装备分别从加利福尼亚州和华盛顿运往越南。货船返航时会将极具市场竞争力的日本产品带回国，并因此获利颇丰。

[1] 1英尺约为0.3048米。——编者注。

后来，人们开始建造专门运输集装箱的船只——集装箱船。从前，集装箱只能装进货舱，有了集装箱船，货箱就可以堆放于甲板上，因为大型集装箱船的平衡力非常强。如今，这种专业船只的甲板上可以堆放三层集装箱。世界各地都开始制造这种特殊船只。1973 年，“袋鼠号”问世，成为当时全球最大的集装箱船，这也是法国第一艘集装箱船。该船长 228 米，可容纳 3 000 个标准箱，载重 15 000 吨。

20 世纪 70 年代，越来越多的散货船被改装成集装箱船。1977 年，世界上最后一条散货船专运航道（位于南非与欧洲之间）上也出现了集装箱船的身影。

1988 年，一种长达 290 米、可容纳 5 000 个标准箱的新型集装箱船——“巴拿马型”集装箱船——面世。1996 年，“超巴拿马型”集装箱船问世，最大运输量为 6 000 个标准箱。之后，又出现了“升级版超巴拿马型”集装箱船，船身长达 335 米，可装载 8 000 个标准箱。而 10 年后的 2006 年，一些集装箱船的长度已经达到 380 米，可容纳 19 000 个标准箱。

2017 年，全球最大的集装箱船——东方海外货柜航运有限公司旗下的“东方香港号”[1]横空出世。该船长 400 米，可容纳 21 413 个标准箱，在甲板上可堆至 10 层，运输量几

[1] 如今全球最大的集装箱船已经是地中海航运公司旗下的“地中海古尔松号”，最大载箱量 23 756 标准箱，于 2019 年 7 月在我国天津港开启首航。——编者注

乎是60年前第一艘集装箱船的100倍。人们只需更少的集装箱船，便能运送比以往更多的货物。

在集装箱船兴起的同时，其他类型的商业船只规模也越来越大，金属船壳越来越坚固，发动机的油耗也越来越小。全球最大的散货船“天津号”专为巴西淡水河谷打造，长362米，最多可装载40.2万吨矿沙。最大的油轮“TI级”超级邮轮长380米，最多可运输50万立方米原油。最大的液化天然气运输船（Q-Max型）则长达345米，可装载量达26.6万吨。

根据联合国贸易和发展会议公布的数据，2017年，全球商业船队共有93 262艘船只，其中货船19 716艘、石油运输船10 216艘、散货船10 892艘、集装箱船5 158艘、其他船只47 280艘（包括液化天然气运输船、冷藏船、运车船、沥青运输船、轮渡、海底电缆敷设船、拖船、科考船）。

全球海上贸易空前繁荣

得益于集装箱的出现，这一时期的海上贸易实现了持续增长：全球贸易总量从1970年的26亿吨增至2000年的60亿吨，2017年更是高达110亿吨。

然而，海运业的发展并未对航空运输业构成阻碍。人们利用飞机运输具有更高附加值的产品（例如化妆品、纺织品、化学品、药品、航空零件等），以及必须快速送达的物品（诸如活体动物、水果蔬菜、报刊邮件等）。事实上，全球每年的航空运输总量可达 5 000 万吨。而全球石油运输总量的 75% 都依赖海运，16% 依靠陆运，9% 则通过输油管道实现运输。

在全球运输货物总值中，海运货物价值所占比重过半，空运货物占三分之一，其余则为陆运货物。

海运货物价值占比如此之高，乃是得益于海洋无与伦比的竞争力。2017 年，海运费用是空运费用的 1/100，是公路运输费用的 1/10。以海运方式将 25 吨货物从上海运至伦敦所产生的费用，比一张从上海到伦敦的经济舱机票费用还要低。一台上海生产的电视运至安特卫普后以 1 000 美元的价格出售，其中的海运成本只有 10 美元，而相应的空运成本则高达 70 美元。

太平洋沿岸港口的兴起

集装箱船出现后，那些最有远见的港口都开始配备与之相适应的物流设施，包括卸载集装箱所用的吊车、存储集装箱所需的堆场、可直接将集装箱送至货运列车或卡车的多式联运物流平台，以及直达内陆、快速便捷的公路和铁路网络。这套流程很早就实现了自动化，随后又实现了数字化。

20世纪60年代，那些二战后崛起的主要港口是最早发起港口区建设革新的先锋，其中包括了纽约、弗吉尼亚、查尔斯顿、费利克斯托、西雅图、伦敦、利物浦、格拉斯哥、鹿特丹、安特卫普、香港、新加坡、悉尼和墨尔本。而另一些港口城市，如法国的勒阿弗尔和马赛，都未能意识到这场革命意味着什么。它们把精力都放在了如何应对石油运输船上面；众多炼油厂应运而生，挤占了港口附近的内陆地带，而这些空间本该用于修建铁路、运河及公路，为集装箱在欧洲大陆内部市场的运输开辟道路。

1970年，跨大西洋线路仍旧是世界贸易的主要线路。当时的全球十大港口中，英国仍然占了3个，美国占4个。

到了20世纪80年代，日本、韩国和中国的出口贸易先后腾飞，形势发生了变化：太平洋的地位超越了大西洋，洛杉矶、新加坡和香港主导着通往亚洲的新航线，并因此在全球港口中位居前列。

1986年，亚洲港口掌握了世界经济的命脉：无论是按标准箱计还是按吨计，新加坡港的吞吐量都居全球首位，紧随其后的是日本的横滨和韩国的釜山。

自20世纪90年代起，香港以外的中国其他港口也逐渐兴起。2000年，中国港口的集装箱吞吐量居世界首位。中国各地的工厂将产品经陆路运至上海，再从上海经海路发往世界各地。上海港在2000年的吞吐量是500万标准箱，2005

年时达到 1 800 万标准箱。因此，2005 年的上海，无论是在集装箱数量还是货物重量方面，都无愧为全球第一大港。而这一年，洛杉矶地位不保，港口吞吐量仅为 500 万标准箱，排名跌落至全球第 8 位。

2017 年，世界前五大港全部位于太平洋的亚洲海岸，分别是上海港（3 650 万标准箱）、新加坡港（3 100 万标准箱）、深圳港（2 400 万标准箱）、宁波舟山港（2 060 万标准箱）和香港（2 000 万标准箱）。中国内陆的工厂用卡车将产品运至这些港口，随后将大部分产品装船，经海路发往世界各地。

2017 年，美国第一大港南路易斯安那的世界排名跌落至第 15 位，货物吞吐量 2.65 亿吨，远远落后于宁波舟山港的 8.89 亿吨。美国第二大港休斯敦港在 2017 年的甚至未曾进入世界港口排名的前 20 位。而早在 1960 年位居全球首位的纽约港，如今几乎销声匿迹。在欧洲，“汉萨同盟”三大港（鹿特丹、安特卫普与汉堡）接收了来自亚洲的大部分商品，而欧洲众多港口中只有它们位列世界前 20 名（排名依次为第 13、15、18 位）。由于贸易活动相对较少，欧洲前五大港的总吞吐量还不及上海一个港口。在英国，伦敦港被费利克斯托和南安普敦两港超越，居次要地位。非洲第一大港——位于埃及苏伊士运河河口的塞得港位居第 48 名；摩洛哥的丹吉尔地中海港紧跟其后。拉丁美洲第一大港，巴西的桑托斯位居第 41 名。法国的勒阿弗尔位列第 65 名，意大利的热那亚为第 70 名，西班牙的巴塞罗那为第 71 名，法国的马赛则排到了 100 名开外。

整体而言，经济与军事实力最强大的国家不再是海上贸易的最大赢家，这样的事情在历史上还是头一回发生。而这对今后世界地缘政治的演变不可能没有影响。我们在之后的章节中将会具体讨论这一问题。

亚洲主宰造船业

船，是谁在建造？事实上，在造船这一行业，美国人也不再像从前那样占据主导地位了。

20 世纪 50 年代起，美国和英国的造船业地位被日本和韩国取代。2005 年，世界上 40% 的船舶都由日韩两国生产。2010 年，中国一跃成为世界第一造船大国，集装箱制造的龙头企业也来自中国，如中集集团、胜狮货柜集团。全球 50% 的集装箱船和 60% 的石油运输船由韩国生产，中国和日本的产量位居其后。

得益于政府的高额补贴，日本在渔船制造领域居世界首位。中国位居第二，如今已有赶超日本之势。

全球约 90% 的豪华游轮在欧洲制造，2012 至 2016 年间共有 24 艘问世，例如美国的游轮公司旗下的国际游轮“皇家加勒比号”就是在芬兰和法国（圣纳泽尔）两国制造，船

MSC GÜLSÜN
PANAMA
IMO 9839430

“地中海古尔松号”

“地中海古尔松号”是目前世界上运载量最大的集装箱船，由韩国三星重工制造，现归属地中海航运公司，最大载箱量23 756标准箱，于2019年7月在我国天津港开启首航身长达 362 米。

此外，欧洲还拥有全球三大主要海运公司：丹麦的马士基航运公司、意大利的地中海航运公司和法国的达飞海运集团。这三大公司的集装箱运输量占全球总量的 37%。

亚洲海员越来越多

2017 年，全球商业船员总数达 1 400 万，其中高级海员 44.5 万名，普通海员 64.8 万名，几乎都是男性。

十大海员输出国中，有 7 个都是亚洲国家。排名前 5 位的海员输出国分别是中国（总人数 141 807）、土耳其（87 743）、菲律宾（81 180）、印度尼西亚（77 727）和俄罗斯（65 000）；紧跟其后的是美国（38 454）、英国（23 193）和法国（13 696）。2010 年，菲律宾投资创建 100 所海员培训学校，目标是每年培养 4 万名海员。身居海外的菲律宾侨胞寄回本国的 160 亿美元中，有 70 亿来自海员。

如今，世界各地海员的工作条件依然非常艰苦，有如奴隶一般。这种状况千百年来不曾改变。他们拿着平均 150 美元的月薪，每天工作 14~16 小时，每次出海时长 3~9 个月。国际劳工局致力于让更多国家履行《2006 年海事劳工公约》，该公约旨在保护海员利益，对海员年龄、海员招聘、劳动合同、工资待遇及工作时长都做出了相关规定，如强制规定用人单位给海员至少每日 10 小时的休息时间。中国、菲律宾、印度尼西亚、巴拿马、利比里亚、俄罗斯、巴哈马等海上活动最多的国家都签署了这项公约。尽管如此，商船却可以通过方便旗轻而易举地摆脱公约的束缚。于是，全球商船有一半都挂起了方便旗。全球雇佣海员最多的前十位公司，麾下商船中有 25% 悬挂巴拿马旗，17% 悬挂巴哈马旗，11% 悬挂利比里亚旗。与其他国家相比，这三国的船上安全规定极其宽松。此种现象堪称全球化进程中法律监管缺失的丑闻。

信息传输的主要载体——海底电缆，仍由美国掌控

在集装箱承担起大部分货物运输的同时，海底电缆也依然担负着主要的信息数据传输工作，尽管人们有时也必须通过人造卫星来传送或接收信息。而与海运和造船业不同的是，美国在海底电缆行业占据了主导地位。

1956 年，全球第一条横跨大西洋的海底同轴电缆（在高频状态下使用的一条不对称传输线）敷设成功。自 1962 年起，这种电缆在电话通信功能方面遭遇人造卫星的挑战，但这并未对它构成真正的威胁（内陆地区与偏远乡村除外）。整体而言，海底电缆在全世界依旧保持着近乎垄断的地位。

就在这一时期，英国已从海底电缆制造业的第一把交椅

上退了下来，继而登上宝座的是美国。1988 年，美国人开始了第一条横跨大西洋的光纤电缆敷设工程。这种新型电缆的传输速度为每秒 280 兆比特，第一次实现了图像的传播。

正如集装箱的发明对货物运输的意义一样，海底电缆技术也使海洋继续占据着信息传输领域的首要地位。1999 年，第一条将欧洲与印度、日本连接起来的海底光缆系统 Sea-Me-We3（东南亚—中东—西欧 3）投入使用，实现了彩色图像的传输。

1995 年起，互联网信息数据也开始通过海底电缆传播，海洋很快成为数据传输的主要场所。截至 2017 年，全球共有 263 条海底电缆，总长 100 万千米。这些电缆实现了几乎全部互联网信息交换，以及 95% 的全球通信服务与图像传输。其中 13 条横跨大西洋的海底电缆均为美国所有。除此之外的大多数电缆都很短，尤其是位于东南亚岛国与大洋洲国家之间的线路。海底电缆极易受损，每年 70% 的数据传输中断都是由于船锚和渔网对缆线的破坏。因此，人们不断加深电缆敷设的深度，一些缆线甚至被敷设到海面下 8 000 米处。

美国人似乎最先意识到未来的财富将源于信息传输，而不是实物的运输。因此，他们开始放弃和其他国家争夺货物运输贸易，而是保持其在海底（和过去一贯的“海面上”已然不同）对未来商品——信息的运输主导权。

亚洲许多跨国电信企业试图加大对海底电缆敷设工程的

投资，它们准备先在亚洲区域进行敷设，然后将范围扩大至全世界。2008 年，中国的通信设备制造商华为集团与英国的全球海事系统有限公司合资兴办了子公司华为海洋，致力于海底电缆的敷设、维护和改进工作。目前，亚洲通信业呈爆炸式增长，华为海洋或许很快就能一跃成为全球领军者。迄今为止，这家公司敷设了许多新的电缆。但是全球已经建成的海底电缆利用率依然低下，如横跨大西洋的 13 条电缆的产能利用率仅达 20%。

海洋产业

海洋，也正在成为工业资源开发的场所。如今，海底石油产量占全球石油总产量的 30%。全球天然气产量中，也有 27% 来自离岸钻探活动。当今石油钻井平台的最大作业水深已经超过 2 000 米，而这一活动并非毫无风险：2010 年，位于墨西哥湾的“深水地平线”石油钻井平台发生爆炸事故，导致约 7.5 亿升原油泄漏，后文中我们将详细讨论此事。

同时，人们也开始在海洋中开发金、银、铜、锌等金属资源。而海洋生物技术等其他产业，却仅仅处于初步开发阶段。

海洋产业为世界经济增长总值贡献了 1.5 万亿美元，全球有 5 亿人以海洋为生。

法国的第八次尝试

自 1958 年起，随着戴高乐重返政坛，法国开始了为成为海上强国的第八次尝试。但这次尝试侧重于军事方面。法国政府大力投资建设海军，航母“克莱蒙梭号”（1961 年）、航母“福煦号”（1963 年）、直升机巡洋舰兼训练舰“圣女贞德号”（1964 年）及 6 艘导弹核潜艇（自 1964 年起兴建）接连问世。

1981 年，法国政府设立海洋部。1984 年，法国海洋开发研究院成立。“戴高乐号”航母于1986年2月3日签署建造令，1994 年 5 月 7 日开始动工。

与此同时，法国商业船队却日渐衰落。1975 至 1995 年间，在建商船总吨位下降 65%，造船厂员工由 32 500 人减至 5 800 人。1985 至 1995 年间，渔船总数由 1.3 万艘降至 6 500 艘，船员的数量也由 3 万名降至 1.75 万名。2016 年，法国仅剩 4 500 艘渔船，平均船龄 26 年。

在游船制造方面，法国仍居世界第二、欧洲第一。法国企业是该行业的领军者，例如造船商博纳多以及电子海图开发商“大海”（Max Sea）。在帆板制造领域，法国同样处于领先地位。

而最终，法国没能登上海底信息传输的大舞台，虽然它在人造卫星信息传输的小戏棚里扮演了主角（人造卫星的信息传输量仅占信息传输总量很小的部分）。法国的海底电缆建设公司中，尽管有橙子海洋这样的大公司，但没有一家能够位居世界前列。

此外，法国还成立了法国海洋产业集群（缩写为CMF），组建时间虽然不长，但的确是一个能对经济施加影响的游说集团兼研究机构，法国海洋研究协会（缩写为IFM）就是在其倡议下诞生的。

如今，海洋在法国经济中的作用尤为重要却鲜为人知。海洋经济创造了国家14%的财富，是汽车制造业的三倍，法国海洋经济规模在全欧洲也位居第一。法国船舶总吨位居世界第五。海洋为法国旅游业、渔业和运输业提供了30万个就业岗位。

违法犯罪交易：自由通行的代价

倘若不能保证所有商船在一切海域的自由通行，全球海上贸易的发展绝不会如此迅猛。在牙买加蒙特哥湾签署的《联合国海洋法公约》在理论上确保了商船的自由通行。直至2017年，共有170个国家正式签署了这项公约。很久以来，海上安全一直由冷战时期的两个大国——美国和苏联控制。自东方阵营解体至今，维护海上安全的“世界警察”并不存在，而美国也不可能独霸这一角色。

2017年，大多数国际非法商品交易都以海路为主要运输途径。每年，藏匿于集装箱内的走私香烟近1 000万支。大约90%哥伦比亚出产的海洛因，以及80%来自南美的可卡因都是通过海运到达中美洲及加勒比海各岛。余下的部分由船只从委内瑞拉运往里斯本、鹿特丹、巴塞罗那，以及几内亚和尼日利亚各港口，随后通过陆路经马里和尼日尔北上。摩洛哥的大麻则经由直布罗陀海峡运至西班牙。阿富汗大部分海洛因先由卡车送往地中海东部及黑海的各个港口，后经海运送达欧洲和美国。缅甸的海洛因和鸦片制品先由卡车经云南送至各大港口，再由太平洋商船运至美国。

非法交易者会使用各种类型的船只，包括集装箱船、改装渔船、超级快艇，还有装有自毁程序的半潜艇（主要航行于太平洋东部海域）。此外，集装箱所使用的过时挂锁，也给非法人员留下可乘之机，将大量毒品藏匿在完全合法的集装箱内。毒品就这样轻而易举地“安全”抵达全球7 000个港口中的某一处。即便是配备了X光扫描仪的港口，也只会对5%~10%的商品进行抽查。

走私毒品被查获的可能性如此之小，使得从事此类非法交易的风险逐渐降低。

海盗和恐怖袭击：对海上贸易的威胁微不足道

自2000年起，海盗活动的影响日益严重，至2011年时最为猖獗，共有 153 艘船只遇袭，49 艘被迫更改航道，1 052 名船员被掳为人质。其中一些海盗行动十分典型并且明目张胆：印度尼西亚的分裂势力在海上扣押人质；尼日利亚数个团伙在石油钻井平台上劫持人质；索马里海盗会在距海岸 1 000 海里范围内袭击那些驶往苏伊士运河的船只，并索取赎金。

面对海盗的侵袭，当各国警力通力合作时，行动效率就非常高。2008 年在印度洋上部署的“阿塔兰特”行动旨在为从印度洋开往苏伊士运河的船只提供安全保障，同时打击沿海出没的海盗。这一行动集结了许多国家的海军部队，每年投入的经费由 2008 年的 50 亿美元增至 2014 年的 80 亿美元，真正实现了通力合作。最终该航线上的海盗基本被扫清，船只遇袭次数由 2008 年的 168 次降至 2014 年的 3 次。2016 年仅发生了一起袭击事件，且很快被击退。在这些年中，海盗团体攫取的总收益仅有 2 亿至 3 亿欧元。事实证明，当人们意志足够坚定时，全球范围内的法治也是可以落实的。

至于海上的恐怖主义活动，近些年来趋于罕见，尽管在较为遥远的年代发生过几起震惊世人的事件。1985 年，客轮“阿基莱·劳伦号”遭遇劫船事件，造成 2 人死亡，令世界人民陷入恐慌。除此之外，还发生过其他的海上袭击事件，例如尼日利亚的石油钻井平台遇袭事件，以及美国导弹驱逐舰“科尔号”在也门亚丁湾遭遇的爆炸事件。

究竟谁能拥有海洋?

理论上说，没人可以拥有海洋。自荷兰法学家格劳秀斯在17世纪完成著作《海洋自由论》开始，人们就已经拥有了保障所有人在任何海域自由通行权利的海洋法。这也是一项在国际惯例、各法庭判例和国际司法专家意见基础上建立起来的法律。依照这种判例法（它在1945年失效），每个国家只能管控自己的内陆水域（江河湖泊）和领海（临近海岸线的水域）。在毗连区（海岸线以外24海里内的海域），海关和警方有权进行各项检查，但他们在大陆架和公海上并不具备任何权力。

近三个世纪内（战争期间除外），人们一直沿用该法。1945年，美国在其领海之外的大陆架上发现了石油，海洋法继而遭到质疑。当时刚上任的杜鲁门总统立即宣布这些石油资源为美国所有。

一些国际组织也应运而生，以有限的力量试图在航海业和海域归属权等问题上建立基本秩序。1948年，政府间海事协商组织（IMCO）诞生，1982年更名为国际海事组织（简称IMO），共有171个临海国成员[1]。“打击海盗，减少船只的温室气体排放，建立可持续发展的海洋运输系

[1] 原书出版于2017年。到2019年，该组织的成员国已增至174个。——编者注

统，保护人类在海上的生命安全”成为历史赋予这一国际组织的艰巨使命。尽管只有不到6 000万欧元的微薄预算，但该组织的行动可谓高效：该组织的各项规定，尤其是商船信号发送方面的条款，都得到了其成员国的严格遵守。此外，这一组织还促成了多达70个海洋法公约的签署，其中包括《国际防止船舶造成污染公约》（简称《防污公约》，缩写为MARPOL）和《国际海上人命安全公约》（缩写为SOLAS）。

而从法理角度反思领海以外海域归属权问题的需求也日益迫切。1958年召开的联合国海洋法会议终于在多年协商的基础上制定了四项公约：《领海及毗连区公约》《公海公约》《捕鱼与养护公海生物资源公约》以及《大陆架公约》。公约中引入了两个新概念，即专属经济区（缩写为EEZ，指从领海基线起200海里以内的水域）和群岛水域。相关国家可以要求在这两个水域内享有特殊权利。但具体细节还有待商议。

南极洲是个特例，针对这一自然资源（包括石油、稀有金属等）丰富多样的区域，1959年12月1日，包括南非、阿根廷、澳大利亚、比利时、智利、美国、法国、日本、挪威、新西兰、英国和苏联在内的12国联合签署了《南极条约》，以保护南极洲为目的，将其限定为科学交流的平台，全面禁止资源开采，也不得将现有基地转变成军事基地，所有军事舰船严禁通行。如今，这项条约在全球已有 53 个[1]缔约国。

1966 年，时任美国总统林登 · 约翰逊推出了一项海洋学计划，宣称各国应保护海底这一“永远属于全人类的遗产”。

1973 年，为明确 1958 年“四大公约”中各海域概念及所有权而展开的谈判在联合国拉开帷幕。更具体地说，关于制定《联合国海洋法公约》的谈判在纽约开启，历经十年之久。

这一公约最终在 1982 年于牙买加蒙特哥湾签署，继 60 个国家批准后于 1994 年正式生效，与最初“四大公约”的制定相隔 36 年。《联合国海洋法公约》对各海域范围做了界定：领海指的是领海基线以外 12 海里（22 千米）内的水域；毗连区的外边界位于领海基线外 24 海里处；专属经济区的外边界位于领海基线外 200 海里处，沿海国将其定义为渔业捕捞及大陆架海床开发区，在此区域内享有勘探、开发、维护、管理区内自然资源、海床上覆水域、海床及底土的权利；公海是公共的海域，其面积占全球海洋总面积的 64%，任何人都不得对其进行开发利用。

沿海国也可以将其管辖的大陆架延伸到 200 海里以外，最多延伸至 350 海里（650 千米）处，但其管辖权仅限于海

[1] 2019 年新增斯洛文尼亚，目前缔约国总数为 54 个。——编者注

床和底土，延伸部分的海水仍属于国际水域范畴。在大陆架这一区域内，沿海国对海床和底土的自然资源拥有开采权。专属经济区是包括水体部分的，这一点将其与大陆架区分开来。

《联合国海洋法公约》还就海上权利和义务、航行规则、国家对悬挂其国旗的船只所负的责任、海盗行为及地区合作等事宜进行规定。此外，根据该公约条文，国际海底管理局、国际海洋法法庭和大陆架界限委员会三大机构得以成立。大陆架界限委员会收到 77 项申请，但仅对其中 19 项进行了确认，因而可以说，该委员会的科研性质大于司法性质。

1991 年，针对 1959 年的条约而制定的一份附加议定书出台，将南极洲定位为“致力于和平与科学事业的自然保护区”。濒临南极洲的罗斯海禁止一切渔猎活动。这片海域聚集了全球 40% 的阿德利企鹅，也是四分之一的帝企鹅、小须鲸、虎鲸、海豹以及豹海豹的栖息地。1994 年，尽管有来自日本的反对，罗斯海上依然建立起了鲸鱼保护区。但此条约的有效期限是个问题。

1992 年，里约地球峰会上通过了《生物多样性公约》，有 168 个国家签署。公约确定了设立海洋保护区的计划。很快，保护区的数量就达到 1 300 个。

国际海底管理局于 1994 年在联合国倡议下在牙买加金斯

敦创建，监管公海——它被视为“全人类公共财产”——海底所有的勘探开发活动。

与南极不同，北极并非免受开发活动和军事行动侵扰的保护区。1996 年设立的北极理事会，就其职能而言，更像是一个政府间论坛，仅针对环保问题进行共同协商。该理事会由八国组成，除了北欧五国[1]外还有加拿大、美国和俄罗斯。六个永久观察员国为法国、英国、德国、西班牙、波兰和荷兰。其他国家，如印度和韩国，在理事会也有发言权。[2]欧盟也申请加入永久观察员国行列，但被拒之门外。此外，北极当地的一些协会（分布在加拿大、美国和格陵兰的因纽特人协会与斯堪的纳维亚的萨米人协会等）也希望能参与理事会的讨论。

2016 年联合国发布可持续发展目标，其中第 14 条就是“保护和可持续利用海洋”。

在签署了所有海洋公约的国家中，有很多并没有真正执行或并无意遵守公约。例如，澳大利亚在印度尼西亚、新加坡和菲律宾沿岸捍卫其本国船只的航行自由权，却限制其他国家船只进入其本国水域。而美国，尽管目前一直遵守国际公约的大多数原则，但并没有签署任何一项公约。海员的工

[1] 这五国为丹麦（格陵兰岛）、瑞典、冰岛、芬兰和挪威。——编者注

[2] 2013 年 5 月 15 日，意大利、中国、印度、日本、韩国和新加坡成为理事会正式观察员国。——编者注

作条件几乎没有得到任何改善。在贪得无厌的渔猎者面前，没有人为捍卫海洋而做些什么。

总有那么一些人时刻准备违反国际公约，我们将在后文中看到，他们对海洋的威胁有多大。

7

今日的渔业

海洋可不仅仅是贸易的场所。它首先是一个渔猎之地，自古以来便是如此。甚至可以说，人类就是为了获取食物（这至少是部分原因），才敢于投身江河湖海、乘船划桨、持叉结网，以劫掠者的身份享受自然的馈赠。

直至 2017 年，人类在海上的活动和十万年前仍然没有什么差别：他们还是一群粗暴野蛮的采掘者，对鱼类繁殖地的保护问题漠不关心，对遭受生存威胁的物种也毫不在意。由于水产供不应求，人类建造了捕鱼加工船，使用的渔网越来越大，还在海洋之外的地方进行产业化鱼类养殖，与饲养牲畜如出一辙。

今日海洋的生物群落

今日海洋中的生物群落，是生命历经30亿年进化而形成的，具有丰富的多样性。在食物链的源头，有我们之前提到的浮游植物，它们吸收太阳光，利用二氧化碳和水制造碳水化合物（这同时也是它们自身的能量来源）和一部分其他生物所需的氧气。

浮游植物接着又被病毒、细菌、微藻、珊瑚、单细胞动物、幼鱼、微型甲壳类动物（以磷虾为代表）等其他结构更加复杂的浮游动物摄食，这些浮游动物在海洋生物总数量中占比超过95%。南极磷虾，一种几厘米长的粉色小虾，含有丰富的蛋白质和OMEGA-3脂肪酸，生活在南冰洋3 000米深的海水里。它们成群结队地聚集在一起，长度可达100千米，总重量多达5亿吨（与全部人类总重量大致相等，也是海洋生物总重量的一半）。

浮游动物继而又被软体动物、海绵、水母、节肢动物、两栖动物、鱼类、棘皮动物和海生哺乳动物摄食。

在深海中，我们发现了许多原本以为早已绝迹的物种，如腔棘鱼、狮子鱼、神女底鼬鳚和蝰鱼。

今天，海洋生物总重量约为10亿吨，即全人类总重量的两倍。如此说来，与陆地生物相比，海洋生物的总重量还是要小得多。与陆地生物不同的是，几乎所有的海洋生物都可以供人类食用，除了个别例外，如水母、鳞鲀、气泡鱼、翻车鱼和鲹鱼。

哪些鱼在被猎捕？

有史以来，人们在全世界范围内捕捞最多的是富含脂肪的海鱼（沙丁鱼、鲱鱼、鳀鱼、鲭鱼、青鳕鱼和金枪鱼）和淡水罗非鱼。

某些宗教禁止食用特定的鱼类，如犹太教禁止食用无鳞无鳍的鱼。而由于文化的差异，某些国家或地区爱吃的鱼类恰好被另一些国家或地区拒斥，如韩国人酷爱活章鱼，而许多西方人可能难以下咽；又如，河豚在法国是禁止食用的，但在日本，有特殊执照的厨师就可以烹饪这道美食。此外，每年有 3 800 万头鲨鱼遭到非法捕猎，而捕猎者只是为了获取它们的鱼鳍。

中国是全世界水产品生产、消费及出口第一大国，紧随其后的是挪威、越南和泰国。进口量最大的是欧盟、美国和日本。

渔业开发最多的区域是北大西洋（冰岛南部海域和北海）、南大西洋（西非外海）、北太平洋（白令海和千岛群岛附近海域）、太平洋中西部海域和东印度洋。人们在太平洋东南部海域捕捞的主要是鳀鱼，在北太平洋是青鳕鱼和阿拉

南方蓝鳍金枪鱼

英联邦科学与工业研究组织的工作人员正要将一只南方蓝鳍金枪鱼标记后放回大海。标记数据将会有助于科研人员了解鱼群的生活习性与分布地带。此种鱼类在2011年被《世界自然保护联盟濒危物种红色名录》列为“极危”

斯加狭鳕鱼，在大西洋东北和西北部海域则是鲱鱼。

总体而言，海洋渔业的总产量从1950年的2 000万吨增长到了2016年的9 500万吨，这一产量自2008年起基本保持稳定。东亚的产量占全世界总产量的52%，其中，中国产量为1 700万吨，印度尼西亚480万吨，日本420万吨。此外，每年还有上千万吨死鱼被扔回大海。

怎么捕鱼？

2017年，全球共有460万艘渔船在海上运营，其中四分之三都在亚洲活动（其中有70万艘活跃于中国海域），只有6.5万艘在欧洲海域活动。总长小于12米的渔船约有400万艘，大于24米的只有6.4万艘。所有船只中，三分之一都是非机动船。最先进的渔船会装备雷达、声呐和制冷设备。捕鱼加工船还可以在船上对捕获的鱼类进行直接加工。根据绿色和平组织提供的数据，捕鱼加工船的数量占全球船只总数的1%，但每年的捕鱼量却达到全球捕鱼总量的一半。人们在这种船上对鱼类进行加工后，便将残余物直接投入海中。

那些专门捕捞磷虾的渔船本身就是流动的工厂，磷虾在船上经过加工被制成磷虾油和水产养殖业的饲料虾粉。

延绳钓渔船（配备延绳钓钩的渔船）每年在海水中投放

鱼钩总数为14亿只。某些船上的渔网面积达2.3万平方米，有近4个足球场大小，每次撒网最多可收获500吨鱼。鱼类消费大国纷纷为渔业提供大笔补贴，项目规模越来越大，小渔民因此损失惨重。在2005年，毛里塔尼亚沿海小渔船的每小时捕鱼量为20公斤，而如今只有3公斤，大量鱼类都被日本、韩国等国的巨型拖网渔船捕获。这些捕鱼船队无视国际法规，前来将海中的鱼捕捞干净，并径直行驶到临近非洲各海岸的海域。船队中还有捕鱼加工船，船员们有时在船上一待就是两年。

1960年，海下捕鱼深度在100米左右，这一数字在2017年达到300米。深海捕捞作业也渐渐兴起，只有欧盟明文规定捕捞深度不得超过800米。

渔业资源的枯竭

当今，许多鱼类资源被过度开采。过度开采，意为捕鱼量大于鱼类自然繁衍更新的数量：40%的渔业资源已处于过度开采状态，如北大西洋鲱鱼、秘鲁鳀鱼、南大西洋大沙丁鱼、金枪鱼、鳕鱼和大西洋胸棘鲷[1]。

诸如小沙丁鱼、鳀鱼、鲱鱼等生活在靠近表层海水的

[1] 该种鱼在中国市场的商品名为长寿鱼、橙鲷鱼、橙棘鲷。——译者注

鱼类资源现已全部处于过度开采乃至极限状态。举例来说，2013年有近6.1万吨金枪鱼被捕获，但适应其繁衍速度的开采量上限仅为1万吨。自2013年起，41%的金枪鱼资源受到过量开采，无法实现生态可持续发展。如今，每年鳕鱼的捕捞量是50万吨，20世纪60年代的相应数量只有20万吨，而20万吨在那时就已经是公认的捕捞极限。鲭鱼在太平洋上的境遇也不容乐观，东部海域内的捕获量已达最高限度，而在西北部海域也呈过度捕捞状态。在地中海和黑海，无须鳕、鳎鱼、绯鲤都遭过度捕捞，只有59%的鱼类资源是在“生物可持续发展”的范围内进行开采的。

此外，还有一些物种原本被禁止捕捞，但实际上却惨遭肆意屠戮。每年都有大约1亿头鲨鱼被猎杀，尤其是在中国、印度尼西亚、印度和西班牙附近的海域。尽管1946年制定的《国际捕鲸管制公约》规定自1986年起禁止对鲸鱼进行捕杀，但在2009年仍有约1 500头鲸鱼惨遭不幸，2013年被捕鲸鱼的数量为1 179头，2016年为300头（日本、冰岛和挪威沿海是主要的鲸鱼捕杀场所）。2017年，全球鲸鱼总数仅为1800年的十分之一。

同时，人们也开始在更深的海域（大约在海面以下900米至1 800米之间）猎捕新的鱼类品种，其中就包括皇帝鱼。

水产养殖业

为了满足人们的需求，淡水和海水鱼类的养殖业都逐渐发展起来。根据联合国粮农组织的报告，全球水产养殖业总产量从 1950 年的不足 100 万吨，增长到了 2017 年的 6 000 万吨，超过了全球野生鱼类的捕捞总量。亚洲水产养殖业产量占全球总产量的 80%，其中又有 90% 来自中国。中国、印度尼西亚、印度、越南、韩国都是世界上主要的水产养殖大国，产量远远超过欧美。

85% 的水产养殖业都以六种鱼类为主：鲤鱼、罗非鱼、遮目鱼、鲶鱼、三文鱼和鳗鱼。其中罗非鱼的养殖规模格外庞大，中国、埃及、巴西、印度尼西亚、菲律宾等 100 多个国家都分布有罗非鱼养殖产业，全球产量每年多达 4 300 万吨。

水产养殖业总产量的三分之一都被用来喂养其他鱼类。例如，饲养 1 公斤三文鱼，需要耗费 5 公斤小鱼作为饲料；饲养 1 公斤金枪鱼，则需要 8 到 10 公斤小鱼。像鲤鱼这样通常食草的鱼类，也逐渐以其他水产为饲料。

主要产自南美（秘鲁和智利）的鱼粉也被用来喂养家畜和猫狗。全球鱼粉产量的 22% 被用来喂猪，14% 用于喂养家禽。

捕鱼船

捕鱼船正在海上工作。当代捕鱼船都配备有各类工具，人们可以直接在船上将捕获的活鱼初步处理成方便运输、销售的海产品，而加工过程中产生的废料会被全部倾入大海

渔业经济

在 2017 年，人类全年食用的动物蛋白质总量中，17% 都来自野生海产品和水产养殖产品，这一比例在某些沿海国家最高可达到 70%。而人类对水产的消费量还在不断增长：1960 年全球人均年消费鱼类 9.9 公斤，2016 年增至 20.1 公斤。世界各地的消费量也各不相同：冰岛人均消费量一直高居榜首，每年人均消费 91 公斤，西班牙的人均年消费量为 40 公斤，法国人 34 公斤，塞内加尔人 26 公斤，中国人 24 公斤，美国人 18 公斤，刚果人 6 公斤，保加利亚人 4 公斤，尼日利亚人 3 公斤。

渔业直接或间接养活了全球 10%~12% 的人口，这些人口中半数以上都是亚洲人。1990 年全世界渔业和水产养殖业从业人员数量约为 3 100 万（其中渔业人员 2 700 万，水产养殖人员 400 万），至 2016 年，这一数字约为 5 500 万（渔业人员 3 900 万，水产养殖人员 1 600 万），其中近 4 800 万人都在亚洲（全球约 86% 的渔业人员和 97% 的水产养殖人员都聚集在此处），近 400 万人在非洲活动，近 300 万人在拉美，63.4 万在欧洲，34.2 万在北美。

全球海产品贸易总值由 1976 年的 80 亿美元增至 2016 年的 1 300 亿美元，平均每年增长 7.2%。海鲈鱼、金枪鱼和龙虾等海产品价格因其数量稀缺而不断攀升。2016 年，鲭鱼、挪威三文鱼、沙丁鱼的全球均价分别上涨了 35%、45% 和 49%。

总体而言，渔业产值只占全球 GDP 的 0.13%，这一比例微乎其微。渔业产值约占全非洲 GDP 的 1.26%，但在塞内加尔、科摩罗和纳米比亚等国家，渔业产值已经超过了全国 GDP 的 6%。

渔业，微乎其微却又关乎生存，对人类的物质生活条件而言至关重要。而渔业对人类文化的发展，同样也具有重要影响。

GALACIA

8

海——自由主义意识形态的源泉

有些地方的地理格局更为喜人：海湾与港口清晰判然，高山和大海将本土与他处自然相隔，河流与山谷滋润着腹地，倘若我能斗胆一言，我会说拥有多样化地理形态的地方就如同关节繁多的高级动物一样，更有可能为自由的到来创造一切所需条件。

——米什莱，《世界史引论》，1850 年

自古以来，海洋不仅是人类渔猎冒险、探索交流之所，是财富与权力的源泉，更是人类文化的主要源泉，并且无疑是最重要的根源。若用宏大的话语来诠释（尽管这在今日容

易招致疑虑），那么海洋就是人类乌托邦主体思想的来源，也是一种主要意识形态，即自由主义意识形态的诞生之地。它使人类懂得欣赏自由的崇高，沉醉在自由之中，也懂得失去自由是一场悲剧。这里说的人，多为男人，因为有史以来，大海就是男人的国度。在女人也可以追求自由之前，自由独为男人的猎物。很少有女性扬帆使舵、乘风破浪。以往在船上都很少见到她们的身影，若有，也只是些乘客罢了。而如今，我们越来越多地看到女性加入出海远航的队伍，这无疑是一种进步，是自由面前人人平等这一原则的最佳体现。

当人类还过着游牧生活时，海洋就是他们可以到达的世界尽头；海上的危险系数是最危险沙漠的千倍，因为海上的任何一次意外都是致命的，任何一点失误都会使人丧命。相较于沙漠，海洋更是一个冒险之地，也是拼胆量、决取舍、争自由的地方。与沙漠不同的是，海洋对于人类权力的确立极其重要。

于是，跨海越洋必备的素质渐渐成了野外生存的必备技能与衡量事业成功的标准，也成了一种道德观、生存观和世界观，深深影响着海上的航行者、海边居民以及靠海洋谋生的人们。而正是这些人在统治着世界（这点我们之前也提到过），胜者的意识形态是在海上形成的。

同样，现代道德观也是在海上日益清晰，并逐渐形成的。海洋自然而然地引导我们将这种价值看得比其他任何价值都更加重要，直到它进入人类历史，凌驾于一切价值之上，并塑造了当今所有文明，而这一切都源于对自由的渴望。

人们在海上认识到自由的条件

生活在坚实陆地上的定居民族，依赖程序化的生活：他们期盼着季节的循环和风雨气候的规律变化。经验教会他们怀疑一切新事物、陌生人和变化；他们更愿意将适应环境奉为永恒的法则。他们喜欢稳定收租，而不爱四处闯荡、冒险游历。对于他们来说，偶尔失误并不致命，他们即使犯了错也不会有什么太大的风险。他们从不探索未知，也从不选择四海为家的流浪生活。他们需要的是纪律和等级，并且往往臣服于最强大的王者。

而出海者则相反。和游牧民族一样，他们必须酷爱冒险，具有创新精神和十足的勇气，他们求真务实、重视能力、行动力强且思想开放。从某种意义上说，游牧活动的极致就是海洋探险。航海者愿意冒着迷失方向的危险（去寻找意外发现），利用风和洋流从而与它们逆向航行。他们容不得失误，因为在海上，任何不够专业的操作都会立即致命。水手们无意屈从于任何等级制度，除非是以能力强弱为建立根据、对团队合作有严格要求的合法制度。

出海者的必备素质从表面上看起来是自相矛盾的：航行

勃鲁盖尔：《有伊卡洛斯坠落的风景》

这幅画描绘了伊卡洛斯坠海的画面，他因试图接近太阳而被焚毁翅膀坠亡。但画面的焦点却被耕田的农民占据，渔夫、牧羊人、帆手，甚至是岸边树枝上的海鸟都对这可怕的事故无动于衷，仿佛这位希腊英雄只是来自另一个世界的微小投影

者既需要按部就班，也需要胆量过人；需要虚心学习，也需要急中生智；需要独立自主，也需要协同合作。事实上，这些素质完全就是个人自由主义意识形态兴起的必需条件，而这种意识形态需要被纳入一个明确的制度框架中，以避免其转变成无政府主义。然而，海洋也是人剥削人的残酷之地，众多船员遭受着船主的剥削。这似乎也揭示了自由这种理念要过很久才能成为现实。

海洋孕育了生命，又在5亿年后赋予了人类——海洋的创造物之一——感知自由的能力。

海洋，创业实干精神的源泉

在海上，暴风雨会来临，船只会遇难，海盗会出没，战争会爆发；在港口，瘟疫会蔓延，噩耗会散播，敌人会来袭。总之，许多不幸都源于海洋。

但人类的很多重大发现和创新也同样源于大海。如前文所述，诸多文明经过与大海的顽强对抗后愈发富有活力。定都在沿海地区的民族都非常强大（至少一度强盛过）。这也就是美索不达米亚文明、埃及文明、希腊文明、迦太基文明、罗马文明、印度尼西亚文明、威尼斯文明、波罗的海文明、佛拉芒文明、英格兰文明、美国文明，以及如今的日本、中国和韩国文明兴起的原因。从一度强盛却鲜为人知的室利佛逝帝国到今日的美利坚合众国，更不消说布鲁日、威尼斯、安特卫普、热那亚、阿姆斯特丹和伦敦，它们的崛起无不印证了这一亘古不变的道理。

然而，法国、德国、俄罗斯、印度却不在其列，曾经的中国（直到很晚近的时期）也不在其中，尽管几千年来中国一直具备着统领世界的所有条件，尽管世界上最早的航海者当中也有来自此处的居民。

我认为其中的差别并非源于马克斯·韦伯提出的宗教差异（他认为新教伦理是资本主义和现代个人主义的源头），也与马克思、达尔文、桑巴特及其他人指出的差异无关。我认为这种差别源于海洋和陆地、水手和农民的区别，这种区别在两类人群之间划定了界限，一类人将社会建立在市场经济和自由原则的基础上，另一类则专注于封建关系和田租。这就解释了为何历史上的胜者中既有信奉佛教和印度教的室利佛逝，也有信奉天主教的佛兰德和威尼斯，以及推行新教的荷兰、英国和美国，而历史上的失意者有推崇道教和佛教的中国，有信仰天主教的法国，信仰新教的德国，也有信仰东正教的俄罗斯和信仰印度教的印度。

胜者总会以各种方式推动自由主义意识形态的发展，颂扬个体价值及其对世界的影响。所谓的自由，至少是针对海洋主宰者而言的。而威尼斯和布鲁日虽说都不是民主政体，但在这两个地区掌控海洋事务的群体却是自由的，水手成为奴隶的情况也十分罕见。尽管资本主义市场经济所到之处，许多名义上是自由人的水手仍然要承受被剥削的命运。

威尼斯的商人和佛兰德的有产者会比法国或中国的封建领主享有更多自由，因为民主理想（最初来自商人和有产者）与海洋之间有着极强的联系。

总而言之，如前文所述，没有一个海洋民族能长久地维持专制制度，至少对庞大的商人集团而言，专制是行不通的。反言之，没有哪一个长久处于专制统治之下的民族能够发展起自己的海上力量。

或许正因为此，历来的专制政权在发展海事方面往往犹豫不决，即便机遇来临也举棋不定：因为它们面临的风险实在太大。

海洋，逃生之路

当沿海国家处于专制统治之下，大海就成了追寻自由者首选的逃生之路。古代的逃亡奴隶就已经知道要去海边寻求生路。他们很难找到一处安全之地。我们偶尔能在地中海东部沿岸港口城市的小旅馆中找到他们遗留的踪迹。有时，就像《出埃及记》中描述的那样，海水中辟出一条道路，助他们通往自由。我们因而可以将希伯来奴隶穿过红海逃离法老统治一事，理解为奴隶们挣脱枷锁的标志。这里的海洋与

《圣经》中多处出现的海洋场景相似，都是对无形、无意义事物的隐喻，人们必须超越它、对抗它，方可获得自由，并赋予世界意义。后来的著名心理学家荣格，就将汪洋大海视作无意识的标志，而人类须从此处释放自己的理性。

有时，情况则很简单：大海把逃亡者送至更加宜居的地区。古代的人们就是这样逃离了原本不堪忍受的生活环境。自 16 世纪起，成百上千万欧洲人也是这样离开了故土奔赴美洲，寻找在欧洲求而不得的自由，却又将自身的解脱建立在屠杀当地原住民的恶行之上。自 19 世纪末起，渡海越洋来到纽约港的移民第一眼看见的就是坐落在埃利斯岛的自由女神像——这是法国赠予美国的建国 100 周年礼物，这并非巧合，因为美国正是在自由的乌托邦基础上建立起来的国家。

同样，近年来，许多沿海国家实施独裁暴政，那些乘船逃亡的难民因其独特的名称而广为人知，如古巴“漂移者”（balseros），又如越南和柬埔寨的“船民”（boat people）。1994 年起，几十万古巴人就这样穿越长达 140 千米的海峡到达美国的佛罗里达，如今四分之三的古巴移民都聚居在那里。1975 至 1985 年间，有包括 80 万“船民”在内、总数超过 100 万的越南人冒着生命危险走上逃难之路。

今天，有成千上万人重拾海路，或为逃离独裁统治，或为逃脱战火与饥荒，人数可能很快就会发展至成百上千万。从塞内加尔到摩洛哥，从突尼斯到土耳其，从索马里到利比亚和意大利，他们从非洲的各个海岸出发，冒着溺亡的危险远离故国，只为寻得一线生机，自由地活下去。2016 年，总共有 30 万人越过了地中海。2000 年以来，有 2.2 万人在此过程中身亡，即平均每年约有 1 300 人丧生。2016 年，在“非洲之角”地区，有 82 680 人跨过亚丁湾和红海，其中主要来自索马里和埃塞俄比亚。同年，有近 10.6 万移民越过“非洲之角”到达也门，对比 2015 年的 92 446 人，以及 2006 年的 25 898 人。在东南亚，缅甸人和孟加拉人试图乘船去往泰国和马来西亚，途经马六甲海峡或孟加拉湾。2016 年，加勒比海地区，有 4 775 人为逃离贫穷的岛国而租借船只去往美国寻觅栖身之所。2016 年，全球共有 3 万移民在逃难途中溺水身亡。

海，启迪英雄去争取自由

我们在世界各民族文学中都可以找到海洋与自由之间的关系：所有崇尚运动与自由、变化与挑战的人都会为大海唱起赞歌；而抵制这些要素的人也都不喜欢大海，他们仅将海洋视作危险地带，除了神的安排，他们对海洋不抱任何期待。

在各民族的故事与传说中亦是如此。维京人的故事里，海洋象征着一种人类必须驯服的力量。在古印度的《奥义书》中，海象征着宁静，是人们进行冥想和神秘观想的对象。古巴比伦史诗《吉尔伽美什》中，我们看到了据信是关于大洪水和得救者获得自由的最早历史记录。凯尔特人的故事里，海是逃生之地，英雄能在这里改头换面、重获新生。同样，在西伯利亚人和美国人的宇宙传说中，大海就是一个宇宙的极限边界，一些人会通过海洋逃到另一个宇宙。

古希腊神话中，大海是忒修斯出迷宫后得以逃脱之地，他逃离了迈锡尼国王的领地，掳走其女阿丽亚娜；但同时，海也是忒修斯的父亲埃勾斯的葬身之地，他因为错误地理解了儿子归船旗帜的颜色所代表的含义而纵身跳入大海，溺水而亡。在荷马的作品中，海是奥德赛的历险之地，起先是为了抢回逃至特洛伊的海伦，后来又是为了重返家园与妻子团聚。奥德赛是一名真正的水手，他对星座了如指掌："他坐下来熟练地掌舵调整航向……注视着昴星座和那迟迟降落的大角星，以及绰号为北斗的那组大熊星座，它以自我为中心运转，遥望猎户座，只有它不和其他星座去长河沐浴……渡海时要始终航行在这颗星的左方"(《奥德赛》第五卷第270—278行)，这样就能保证他一直向着东方前行，直至17世纪人们在航海时都是这么做的。但奥德赛同所有的水手一样，经历过重重艰难险阻，他畏惧"广阔的大海深渊，它是那样可怕而艰险"(《奥德赛》第五卷第174行)。当历险结束，重回岛上故乡与家人团聚时，他欣喜若狂。

几个世纪后，穿越地中海、四处游历做说客的柏拉图，遭受了多次风暴袭击和船难。他将大海视作哲学的敌人，因为海洋本身拒绝秩序，而柏拉图对秩序却情有独钟。他曾说过，海洋与贸易、与民主、与他嗤之以鼻的事物有着太多的联系，因为“对于一个国家来说，靠海而居确实令人生活舒适、心旷神怡，但事实上，有这样一位邻居，却是咸涩苦闷的。商业买卖满城邦，不正当交易比比皆是，变幻不定、背信弃义之风兴起。是海让整个城邦对外来人毫无信任、充满敌意”。不过柏拉图认为，想要在海上幸存，只有一种可能，那就是将我们的生命交付于真正的航海高手；管理国家也应该像管理一艘大船一样，在船上可没有民主的栖身之地。此外，他还认为，如果我们相信民主，那么世界就会像一艘满载无知任性之辈的大船，不知该去往何处，而这艘船也就成了一艘“愚人船”。

古罗马诗人维吉尔在《埃涅阿斯纪》中讲述了爱神阿弗洛狄忒之子半神埃涅阿斯的故事。当特洛伊落入阿哈伊亚人之手时，埃涅阿斯逃往迦太基，那里的女王迪多对他一见倾心。

之后，沿海国家的文学作品中都出现了海，且千篇一律、毫无例外地表达了对危险的畏惧和对自由的神往。至少对于那些深刻意识到海洋重要性的人民来说，大海让他们感受到的，就是这样两种并存的心绪。

英国文学也是如此。自中世纪起，英国作家就开始描述

博斯：《愚人船》
耶罗尼米斯·博斯在1490年至1500年间创作的《愚人船》。图画借用了中世纪摆脱愚蠢的传统，即用一只船把愚人们带离城市的典故。船尾饮酒的小丑是掌舵者，但他毫不在意这艘“人类之船”将驶往何方

作为岛国人民的忧虑。他们在大海中看到了命运的主宰，他们将海洋视作追寻理想之地。如《圣布伦丹游记》（此书至今能找到的最古老的手抄本可追溯至12世纪），书中记述了公元6世纪一位修道院院长为了找寻伊甸园，千里迢迢去往爱尔兰西方，最终发现了一片岛屿（可能是今天的亚速尔群岛）的故事。同一时代，戈蒂耶·马普（Gautier Map）在《廷臣琐事》（*De nugis curialum*）中讲述了尼古拉斯·皮普的故事，他可以“长时间不呼吸……在海中与鱼儿嬉戏”，人们都称之为“海人”。13世纪的凯尔特小说《至高圣杯传奇》（*Perlesvaus*）中，主人公珀西瓦尔登上一艘神奇的大帆船——“伽历城堡号”，去寻找圣杯。与此同时，被一剂春药改变命运的特里斯坦也在努力找回自由。

此后，约1610年，莎士比亚的最后一部剧作《暴风雨》可谓汇集了所有以海洋为创作灵感的文学作品之精髓。其中，我们可以找到许多作品的影子，如1523年伊拉斯谟发表的《海难》（*Naufragium*），1609年威廉·斯特雷奇（William Strachey）叙述百慕大群岛外海上“海洋冒险号”沉船事件的《海难纪实与骑士托马斯·盖茨爵士的救赎》（*True Reportory of the Wracke and Redemption of Sir Thomas Gates, Knight*），以及罗德骑士团成员之一皮伽费塔（Pigafetta）的记述（他曾于1519年随麦哲伦远航并参加了麦克坦岛上的战斗，其间麦哲伦不幸身亡）。此外，有一段关于加勒比海的描写与蒙田在《随笔集》中的片段相近，另有一段话直接取自古罗马诗人奥维德的作品。在这些作品中，大海依旧是反叛的途径，对于那些海上遇难后困于荒岛的人而言，大海是危险出没之地，却又是自由之路。

1719年，丹尼尔·笛福在《鲁滨孙漂流记》中讲述了一位水手所经历的千难万险：1651年，他受到了海盗的袭击，1659年又遭遇了海难，受困于一座小岛上，放弃了从岛上逃走的念头后，在那里度过了28年的时光。之后，笛福又创作了《摩尔·弗兰德斯》，讲述了一个出生于伦敦新门监狱的年轻女子决定离开英格兰去弗吉尼亚的英国殖民地定居的故事。在这个故事中，海也是自由的希望。此外，斯末莱特所著的《蓝登传》讲述了一位年轻男子为了寻求财富于1739年离开苏格兰的故事。在这里，海同样象征着自由，并预示着成功的希望。

1798年，塞缪尔·柯勒律治在诗歌《古舟子咏》中将大海描述成未遭破坏的自然王国，庇护着文明，使其不受任何威胁侵袭。

1816年，拜伦在为希腊人的自由而奔赴战场献出生命之前，在长诗《恰尔德·哈洛尔德游记》中妙笔生花，传递他对海上的自由的思考：

在无径可通的林丛有一种乐趣，

在寂寞幽僻的海滨有一种狂欢，

这里是一个无人侵扰的社会：

面对大海，乐声伴着涛声呜咽。

在拜伦眼中，海洋犹如鬣毛浓密、威风凛凛的猛兽，要将它擒住，然后战胜它。

1821 年，英国作家沃尔特·司各特写了《海盗》。美国人紧随其后，17 岁加入美国海军的詹姆斯·费尼莫尔·库柏于 1824 年写出了《舵手》，成为美国人身份的一个象征。之后，他因发表多部以狩猎者和美洲印第安人为主题的作品而声名鹊起，人生的最后时光仍在编写《美国海军发展史》。

1838 年，美国作家埃德加·爱伦·坡的作品《亚瑟·戈登·皮姆的故事》问世，这是他唯一一部长篇小说，也是他的代表作。小说中讲述了捕鲸船上一名水手的奇遇：沉船遇难、船员叛乱、同类相食，历经千难万险的他想要逃离陆地，远离野蛮的陆上世界，重返大洋。赫尔曼·梅尔维尔对这本小说大加赞赏，而他本人就曾是捕鲸船上的一名水手。1851 年，梅尔维尔发表了小说《白鲸》，书中“裴廓德号”捕鲸船船长亚哈一心想要捕获一头凶猛无比的白色抹香鲸——莫比·迪克，这种在执念驱使下不达目的誓不罢休，最后同归于尽的毁灭性结局成了此类故事的范本。

不久后，我们又在约瑟夫·康拉德的许多作品中看到同样的执念，如《海隅逐客》(1896年)、《黑暗的心》(1899年)和《吉姆爷》(1900年)。康拉德本人就曾经是水手，后在法国和英国的商船队中当了船长。他于1903年在《台风》中描述了暴风雨来临时船员们最初惊骇不已的反应，以及在不可控的自然之力面前展现出的勇气与胆量，书中还蕴含着很多的人生哲理。最让人拍手叫绝的，可能就是身世成谜的B.特拉文（连这个名字都未必为真）于1921年所写的《死人船》，故事中有一艘注定要沉没的船，船上的水手们过着炼狱般的生活。著名的《碧血金沙》也是出自特拉文笔下。爱因斯坦曾说过："如果只许我带一本书去一个杳无人烟的荒岛，我一定会选特拉文的书。"

在很多其他美国文学作品中，海是通往内心自由的道路，人们可以发现隐匿在心灵最深处的自我。如1952年欧内斯特·海明威的《老人与海》所述的故事：在古巴一处小海港，一位老渔夫为了赢得村民的尊重，与一只大马林鱼英勇搏斗；返程途中老人的小船受到了鲨鱼的袭击，面对诸多威胁，老人殊死抵抗只为保护这得来不易的战利品。尽管回到村庄时这份战利品几乎所剩无几，老人却得到了全村人诚挚的敬意。

相反，其他文学作品中几乎见不到海洋的身影，就算有，也只是乌托邦、幻想世界，或是虚构记述中不符实际的设定，总而言之属于另一个世界。在14世纪的《一千零一夜》中就能看到这样的例子。其中，富有的商人辛巴达讲述了自己的七次航海之旅，其间遭遇过海难，也到过一些荒无人烟之地。

同样，在法国文学中也很少出现海洋，即便有，通常也只是为了呈现负面意象。

首当其冲的就是波德莱尔，他的著名诗篇道明了法国与海的关系：

> 自由的人，你将永把大海爱恋！
> 海是你的镜子，你在波涛无尽
> 奔涌无限之中静观你的灵魂，
> 你的精神是同样痛苦的深渊
> ……
> 然而，不知过了多少个世纪，
> 你们不怜悯，不悔恨，斗狠争强，
> 你们那样地喜欢残杀和死亡，
> 啊，永远的斗士，啊，无情的兄弟！

曾经也是水手的欧仁·苏（Eugène Sue）最先发表的几部小说都是关于大海的：《海盗凯诺克》（*Kernok le pirate*，1830年）、《阿达-高尔》（*Atar-Gull*，1831年）和《蝾螈号》（*La Salamandre*，1832年）。曾长期被流放荒岛的维克多·雨果在海上看尽了暴风雨，他在1866年发表的《海上劳工》中这样写道："没有一只野兽会和大海一样把它的掠获物撕

卡洛斯·施瓦布:《忧郁与理想》

瑞士著名象征主义插图画家卡洛斯·施瓦布(1866—1926年)为波德莱尔诗集《恶之花》绘制的插图。《人与海》这首诗即收录于该诗集的第一部分“忧郁与理想”中

得这样碎。海水里处处都有利爪。风能咬，波涛能吞，巨浪是一张大嘴。海洋仿佛有狮子那样的爪子，既会拔掉一切，又会压烂一切。”

同一时期，时常在英吉利海峡和大西洋上航行（起先乘坐一艘小帆船，而后起用配有 11 名船员的蒸汽艇）且对爱伦·坡的小说大加赞赏的儒勒·凡尔纳，其名著《海底两万里》中的人类形象就是大海和鱼类的死敌。

亨利·德·蒙弗雷（Henry de Monfreid）、皮埃尔·洛蒂（Pierre Loti）还有许多本身就是水手的法国作家，如贝纳·纪欧多（Bernard Giraudeau）、奥利维尔·德·克索森（Olivier de Kersauson）、艾瑞克·欧森纳（Erik Orsenna）和扬·盖菲雷克（Yann Queffélec），都善于利用海洋营造幻想之境。

同样，俄罗斯、德国、中国和西班牙的文学作品中，海洋也处于大范围缺失的状态，尽管西班牙作家塞万提斯有过漫长的水手生涯，尽管苏联籍犹太作家伊萨克·巴别尔对乌克兰最大的海港——敖德萨港和他所在的犹太人聚居区所做的描写精彩绝伦。

海，电影中自由的灵感源泉

当电影承接了文学的接力棒后，它遵循了与文学相同的一套标准：海洋，对于海上民族而言是冒险之地，对其他民族则是充满敌意的地方，非逃离不可。

美国的电影与美国的文学一样，时常讲述海上历险，其间充分展现人物的个性与特点，传递一些人生哲理。1941 年上映、由沃尔特·福德（Walter Forde）执导的《大西洋轮渡》（*Atlantic Ferry*）说的就是 19 世纪 30 年代两兄弟在帆船遭遇海难后如何造出第一艘蒸汽船的故事。1953 年，查尔斯·弗朗（Charles Frend）执导的《沧海无情》（*The Cruel Sea*）以一艘船上全体船员的视角讲述了大西洋海战：夜半时分，船中了鱼雷，惊恐万分的船员们争相登上救生筏。1956 年，迈克尔·鲍威尔（Michael Powell）的《血拼大西洋》（*The Battle of the River Plate*）和阿尔弗雷德·希区柯克的《怒海孤舟》（*Life Boat*）上映，后者叙述了一艘美国客运船与德国潜艇激战后沉没的故事，船上的幸存者来自社会各个阶层，他们坐上救生艇，互相之间产生了错综复杂的人物关系。1975 年史蒂文·斯皮尔伯格导演的《大白鲨》将一只令整座城市陷入恐怖的大白鲨搬上了银幕。1990 年上映的《追击红色十月》描写了一艘苏联"红色十月号"高尖端潜艇冲破重重阻力最终成功脱险的故事。接下来便是 1997 年詹姆斯·卡梅隆导演的《泰坦尼克号》。2003 年出了一部对于了解海盗和 18 世纪英国皇家海军船员的生活来说最好的影视作品之一——彼得·威尔的《怒海争锋》。而后，另一部影片《菲利普船长》（2013 年）讲述了一艘美国集装箱船遭遇索马里海盗袭击的故事。

相比之下，法国导演的电影很少涉及海洋题材，就算在科幻片中也是寥寥无几。1907 年乔治 · 梅里爱将《海底两万里》搬上了银幕，把海洋描绘成一处充满敌意的地方。1941 年，让 · 格莱米永的《拖船》讲述了一段爱情故事，影片中的海上镜头让布雷斯特的美景深深地印在人们的脑海。

尽管法国人极少拍摄关于海洋的剧情片，但他们开创了海洋纪录片的先河。最先问世的就是雅克-伊夫 · 库斯托和路易 · 马勒的《沉默的世界》，该片荣获 1956 年戛纳电影节金棕榈奖。库斯托是让海洋登上世界舞台的第一人。此后 40 年中，他仍然坚持不懈地驾驶着自己的专用船“卡利普索号”在海上精心拍摄，他拍摄的海洋纪录片累计时长达几千个小时。1988 年，吕克 · 贝松执导的《碧海蓝天》[1] 问世。影片讲述了一群自由潜水者的故事，其中一人最后选择沉入深爱的海底，结束自己的生命。除此之外，还有雅克 · 贝汉和雅克 · 克鲁索共同执导的生态纪录片《海洋》（2009 年），以及曼德罗兄弟拍摄的海底探索主题 3D 纪录片等其他作品。

[1]《碧海蓝天》并非纪录片而是剧情片，作者将本片放在这一段落讨论，似失之偏颇。——译者注

海上竞赛，演绎自由

昔日的海上冒险精神如今在公海上的航海赛事中淋漓再现。海上竞赛犹如一场表演，将人们对自由的渴望变得理想化，也将水手们的艰苦生活隐匿在众人视线之外；这样的海上竞赛，就像汽车行业里的竞赛一样，成为了实现科技进步的绝佳场合。

这样的竞赛，都是在海上强国之间展开，且自古至今未曾停歇。不久前，法国似乎在竞赛中获得了一席之地，这或许预示着其海上意识的觉醒。

历史最悠久的航海赛事当属“美洲杯”帆船赛，虽名曰“美洲杯”，却是英国人于19世纪创立的一项比赛，那时英国还处于世界经济的核心。这一名称实际上源于1851年首届比赛的获奖船只——来自纽约游艇俱乐部（New York Yacht Club）的“美洲号”双桅纵帆船。此项赛事当年在伦敦与第一届世界博览会同期举行。该赛事曾因美国南北战争而中断，后于1870年重启，并从那时起由多支国际游艇俱乐部每3至4年举办一次。最近几届比赛的举办地点分别为新西兰的奥克兰（2003年）、法国的瓦朗斯（2007年和2010年）、美国的旧金山（2013年）和英国的百慕大群岛（2017年6月）。下一届将在新西兰举行。

航海竞赛是对新型船只和新技术进行测试的好时机。如

20 世纪 60 年代，艾瑞克·塔博里（Éric Tabarly）就为比赛设计出了世界上第一艘三体船（制作过程中用到了铝、碳和调速器），并将该船成功打造成第一艘水翼船。随着一次次竞赛的展开，原本制造船只所用的钢、棉、麻等材料均被尼龙、凯夫拉[1]等合成材料所取代。在法国帆迪不靠岸单人环球航海赛（Vendée Globe）中，人们首次测试了数字化航海图，随后所有船上都实现了航海图由传统纸质向高科技数字化的转变。水翼船的测试工作也最先在竞赛中展开，这种船只行驶到一定速度时船身可抬离水面，最高船速可达风速的三倍。

今天，法国的“天马”（*Pegasius*）计划旨在将从材料到物联网、从水翼船到人工智能的高科技融入未来船只的设计理念中。该计划的目标是：用不到 35 天的时间完成以船队为单位无间断环球航行的任务（目前最新纪录为 40 天）。而执行这项任务的船只会安装传感器和卫星通信设备，船上所需能源可实现自产自用，信息数据则存储在云空间。船身长 30 余米，宽 22 米，桅高 36 米。十余名船员 24 小时联网在线，可实时监测其疲劳程度，保证轮岗人员的交接工作顺利进行。该船计划于 2020 年开启首次环球之旅。

各种竞赛也是刷新帆船航速纪录的好机会，因此，在全

[1] 英文为 Kevlar，是美国杜邦公司研制的一种芳纶纤维材料产品的品牌名。——译者注

世界范围内吸引着越来越多人的关注。当然，纪录的保持者基本上都来自海上强国，但法国人居多，或者说几乎全是法国人，这不得不说是又一个令人惊喜的消息。

海上航速世界纪录为每小时 511 千米，由来自澳大利亚的肯·沃比（Ken Warby）于 1978 年创下。当时，他驾驶的是一艘名为“澳大利亚精神号”的滑行艇，借用了歼击机高达 6 000 马力的喷气式发动机，还配有副翼。到 2017 年为止，可以说其他帆船比赛的世界纪录全部由法国人包揽：24 小时帆船航行距离的世界纪录为 908 海里，由帕斯卡尔·彼得格里（Pascal Bidégorry）于 2009 年创下；2016 年，弗朗西斯·乔永（Francis Joyon）用 5 天 21 小时穿越印度洋，7 天 21 小时穿越太平洋；2017 年 7 月，乔永组队穿越大西洋耗时 3 天 15 小时，同航程单人耗时 5 天 2 小时 07 分。2017 年初，乔永又组队完成了无间断环球航行，创下了 40 天 23 时 30 分的纪录（麦哲伦船队耗时 3 年）。单人无间断环球航行的世界纪录为 49 天 3 小时，由托马斯·科维尔（Thomas Coville）于 2016 年 12 月创下。

如前文所述，亚洲是全球海产业的集中地，然而，我们在航海竞赛的获奖名单上却很难找到亚洲人的名字。这或许源于航海竞赛弘扬的是出海远航必备素质中一个特殊的因素——个人主义，而非纪律和团队合作意识，当然后两点也同样是必要的。除此之外还有一个原因，这些竞赛获奖者成功的前提是其本国的帆船娱乐运动已经形成了一个完整有序的系统，而在亚洲，这一系统尚不存在。

人们为海底探索付出的努力太少，海底探险家比太空造访者少得多。瑞士人奥古斯特·皮卡尔（Auguste Piccard）于1948年下至水下1 000米深的地方，1953年下至3 150米深处。由来自内陆国的人完成这样的挑战，实在有点讽刺。1960年，他的儿子雅克·皮卡尔（Jacques Piccard）在唐·沃尔什（Don Walsh）的协助下，在马里亚纳海沟下至10 916米深处，这也是迄今人类能到达的海底最深处。这样的壮举仅在2012年由美国导演詹姆斯·卡梅隆乘坐“深海挑战者号”小型潜艇再度实现。

人类似乎终归无法克服对海底这一溺水之地、死亡之地的恐惧。

海上娱乐，“自由”的替代品

2016年，有2 420万人乘坐300余艘游轮度假，这一事实只反映了表象而已，离真正的海洋和真正的自由相去甚远。游轮上，船员们过着地狱般的艰苦生活，而某些退休的富豪在常年环球航行的船上仍享有宽敞无比的套间。2017年，全球娱乐船只总数约达2 500万艘。单挪威一国就有80万艘，即平均每6.4人就有一艘，紧随其后的是瑞典，平均每8人就拥有一艘。美国有 1 600 万艘娱乐船只，其中帆船仅占 7%：美国人更偏爱摩托艇。

私人游艇更体现出有些人的财富多到令人不可思议的程度。2017 年夏，仅在地中海上就有 4 000 余艘长度超过 24 米的游艇。最大的私人游艇长 180 米，价值近 4 亿美元，与全球最大的帆船等价，但最大的帆船仅有约 140 米长。

法国在制造长度小于 24 米的游艇方面是欧洲的领军者，在制造娱乐船只方面位居世界第二，仅在意大利之后。大多数超大型私人船只由德国的乐顺（Lürssen）和布罗姆与沃斯船坞（Blohm & Voss）制造。

一些人的自由，就是另一些人的不幸：海洋是一面镜子，它照出了人类的种种矛盾与希望。

海洋经济的未来

海，伟大的艺术家，为了杀戮而杀戮，将自己的残骸抛向礁石，带着轻蔑。

——儒勒·勒纳尔，

《日记》，1887—1892年

未来，尽管经济和社会影响力的天平会不断地向数字和太空领域倾斜，但贸易与权力、影响力与意识形态、和平与战争……所有的一切依旧会由海上或海下决定，且与之前相较有胜之而无不及。

未来，即便数字技术所起的作用会越来越大，即便无穷无尽的信息数据会在互联网这一虚拟的海洋上通行，真实的海洋依旧会是物质或非物质交换以及经济、文化和地缘政治实力体现的主要场所及关键所在。

全球主要货物及数据的输送依然需要经过海洋，未来的主要资源也依然藏于大海之中。因此，各经济体和各民族的强项与弱点都将会在海洋上体现出来。其实，自古以来便是如此。

根据历史经验可以推断，未来的强国定会是那些懂得如何利用海洋空间和海底深处、发挥其价值并对其加以保护的国家，也定会是那些懂得在对手间爆发冲突时与其保持距离的国家。

那些商品交易和国防部署都只局限于陆上范围的国家是不会大有作为的，因为总体而言，海上依旧比陆上更安全、更高效；在未来很长一段时期内，较之陆运和空运，走海运依旧能够输送更多的货物，且风险更小。有人认为信息数据的传播将会由海底转向宇宙空间，但他们错了，因为几乎所有信息数据的传播依然会经过海底。

面对这新一轮的世界巨变，中国、美国、加拿大、澳大利亚、印度尼西亚、新加坡、越南、韩国、日本都很有可能会成为赢家；至少，这些国家的沿海地区一定会获益满满。从更长远的角度来看，印度和尼日利亚也有可能胜出。欧洲也会获得一席之地，但前提是它必须重新审视对未来的规划，从而将全球海洋呈现出的所有新的可能性利用起来，将欧洲大陆的海洋因素还有欧洲大陆与其海外领土互赖关系中的海洋因素，作为比欧洲两大强国——法国和德国所偏重的大陆因素更重要的一点纳入考虑。

在未来很长一段时期内，可能不会再出现那种在海洋相关的各个领域都远胜于其他所有国家的超级经济强国。在相当长的一段时间内，美国至少得和中国一起分享全球经济的控制权。未来，也不会有超级强大的私营企业，因为没有哪一家大型国际跨国公司能取代国家成为海洋的主宰。

然而，令人惊讶的是，数字科技龙头企业及各大企业家对宇宙空间的热情都无一例外地高于对海洋的兴趣，也没有意识到其实是海洋决定着企业的基本利润，也决定着今后人类的命运，无论这种决定性的影响力是昙花一现还是恒久无期。我们要从整体上重新思考海洋经济，要让这一领域的活动实现合理而持久的发展，否则我们就只能眼睁睁地看着人类经济全面崩溃。

货物运输与海洋经济的未来

海上贸易将会持续增长，且增速比商品生产的速度略快。这一趋势尤其得益于《贸易便利化协定》的诞生。这项多边协定于2017年2月22日正式生效，旨在为货物贸易提供更多便利。这是世贸组织成立后通过的第一项该类协定。它简化了海关手续及过境要求，贸易成本可由此减少15%，国际贸易总值每年可增长 1 万亿美元。

2017 年，全球海运货物总量为 110 亿吨。据估计，2025 年将达到 150 亿吨，增幅巨大，与数字经济中最尖端产业的增幅等同。然而，很少有企业和政府了解这一市场的规模。

须特别指出的是，我们将迎来铁矿石、铝土矿、矾土、天然磷肥、谷物和石油运输量的巨幅增长，也能预测到借助集装箱运输的各类贸易都会增长。相比之下，只有石油运输船数量的增幅可能会放缓，因为这些船只目前处于容量过剩状态，且全球正掀起大规模的节能浪潮。

此外，我们还可以预估，2035 年的游轮乘客数量将达到今天的近三倍，即从 1 900 万增至 5 400 万。因而，游轮数量也会有相应的增长，水上娱乐船只同样会增多。

这样的发展会给生态环境造成怎样的影响？这一点，我将在后文中阐述。

开辟新道路

到 2030 年，亚洲国家间的海上贸易和亚洲与世界其他国家间的海上贸易总和将会超过全球海上贸易总量的一半。为了缩短相关航线耗时，从现在起至 2040 年这几十年中，将有多条新航路陆续开通。

首先，在中国的“一带一路”倡议下，一条顺印度洋沿岸穿越红海的“21 世纪海上丝绸之路”会将中国与东非和欧洲连接起来。这同时意味着沿线各港口的发展机遇，尤其是印度洋上往返非洲的各港口。此外，与这条“海上丝路”并行的还有另一条“陆上丝路”，即“丝绸之路经济带”。跨境铁路网络将穿越哈萨克斯坦、土耳其和巴尔干半岛，连通中国东部与英国的伦敦。陆上互联互通的规划如此宏大，向西而行的陆上贸易自然会获益满满，但这最终可能导致中国自身港口实力遭到削弱。这似乎是一个微弱的信号，显示中国有可能重拾两千年前那种重陆地而轻海洋的心态。

此外，还有一些为缩短太平洋贸易航线耗时而另辟的更短航线，它们将对全局产生颠覆性的影响。

未来，全球气候变暖会促使至少两条穿越北冰洋的新航线开通，一条通往欧洲，另一条通往美洲，不必取道苏伊士和巴拿马两大运河，可将从亚洲至西方世界的航线总长与耗时同时缩短 30%。

“东北航道”（开通后将沿俄罗斯海岸线延伸，在公海航行的任何一艘船只都可以走这条线路，不像今天，只有破冰船才可在此通行）经北极附近将欧亚两大洲相连，无须途径苏伊士运河及地中海，可使现有航线总耗时缩短三分之一。

“西北航道”开通后可使亚洲的商品经北冰洋到达美国东海岸，经白令海峡抵达加拿大各岛，无须走巴拿马运河。此线路可将现有航线总耗时（23 天）缩短 8 天。

若全球气候持续变暖，这两条新线路最早可在2040年夏季通航。位于美国和加拿大东海岸、波罗的海沿岸和欧洲的各港口将获益良多，而美国西海岸、墨西哥湾、地中海、大西洋及英吉利海峡（其中就有法国的勒阿弗尔港）各港口则会遭受不利影响。

第三条更直接地经过北极地区的新航路，预计到2050年可允许那些有能力冲破1.2米厚度冰层的船只通航。

然而，这三条线路通航之后，北冰洋的浮冰层及那里的生态系统可能就要遭殃了。

未来海洋领域的龙头企业

今日主要的船舶制造商肩负着继续保持行业龙头的使命。总部设于哥本哈根的马士基集团是丹麦第一大企业，也是全球第一大航运公司和全球最大的集装箱承运公司。它拥有全世界最大的运输船队：船舶与石油钻井平台的数量总和多达1 595个。全球第二大航运公司是地中海航运公司。这是一家总部设于日内瓦的意大利公司，年营业额约为250亿美元。全球第三大集装箱承运公司是法国的达飞海运集团，它拥有428艘船只，在主次航道上共开辟了170条航线，在全球建有五大中转站：马耳他、金斯敦、丹吉尔、豪尔法坎（阿曼湾西岸）和巴生港（马来西亚）。总部位于北京的中国远洋海运控股股份有限公司是中国最大的航运企业，世界排名第四，拥有船只总数达 500 余艘。

或许，我们还将看到一些集建筑设计与船舶制造各项必备能力于一体的新兴造船企业在行业内大展拳脚，逐步树立起威信，如德国的天帆（Skysails）、英国的劳斯莱斯、日本的丰田和生态海洋动力（Eco Marine Power）。

今天，有许多伟大的海洋计划正在付诸实施，如雅克·鲁热力设计的“海洋轨道器号”（*Sea Orbiter*）半潜式垂直型海洋勘探船、法国国有舰艇制造集团[1]的下沉式海上浮动核电站“灵兰”（*Flexblue*）、让-路易·埃蒂安设计的“极地舱号”（*Polar Pod*）海洋科考船、海上家园研究所（Seasteading Institute，由美国在线支付服务商贝宝的创始人彼得·蒂尔资助）在法属波利尼西亚计划兴建的海上漂浮城市，还有日本建筑行业巨头清水公司的“海洋螺旋”（*Ocean Spiral*）。在遥远的未来，这些宏伟计划或许能催生出有发展前景的其他产业。

海洋运输的新科技

未来，集装箱船会越来越大，但重量会越来越轻，耗油

[1] 2017 年更名为海军集团（Naval Group）。——译者注

日本清水建筑“海洋螺旋”

日本清水建筑公司设计的深海建筑“海洋螺旋”。这项建设计划预计将会在未来几年付诸实践，并通过3D打印技术来制造建筑所需材料

量会减少，越来越多的操作系统会实现联网，污染会降低，无人驾驶的船只也会很快出现。挪威一家集团已经宣布可以在 2019 年造出一艘无二氧化碳排放的船只，且这艘船将于 2020 年实现无人驾驶。劳斯莱斯从无人机的设计中获得灵感，计划推出无人驾驶的货轮，由配备人工智能系统的陆上控制中心遥控。这种无人船的主机运用先进技术，污染更少，能节约 15%~20% 的燃料。可能只有对海上劳工的恶劣剥削才会推迟船舶自动航行这一划时代巨变的到来。

将来，甚至连船上的集装箱也会实现联网，利用太阳能为箱内空调设备提供电力，客户可以实时获取集装箱所处的地理位置。

电力驱动技术也会越来越普及，甲板上都可以铺满太阳能板以实现船舶自主发电。2009 年，丰田推出第一艘配备太阳能板的货轮“御夫座领袖号”（*Auriga Leader*），船上共有 328 块光电板，为船只提供充足的能源。2010 年，一艘全太阳能动力双体船问世，这就是游艇“图兰星球太阳号”（*Turanor Planet Solar*）。该艇全长 31 米，在海上四处游弋，为清洁能源做宣传。eFuture 13000C 是日本的一项节能环保造船计划，旨在建造一批覆盖太阳能板、配备吸热系统、涂有减少摩擦力的保护层并装有轻型螺旋桨的货船。这种货船可以承载 13 000 个标准箱，与目前同类型船只相比可节约 30% 的耗能。

还有一些新型船舶利用的是风能：法国的库斯托船长推出了“亚克安娜号”（*Alcyone*）；挪威工程师设计了以船身为帆、靠风推动的货船，将其命名为“风跃号”（*Vindskip*），该船高 49 米，船体内弯，配备先进导航软件，可根据风向对船身进行调节；德国也设计出“天帆号”船舶，能通过风筝获取高空风能，为船只提供动力。2015 年，日本生态海洋动力公司推出了可再生能源概念船“水瓶号”（*Aquarius*），该船混用风能和太阳能两种能源，垂直型可旋转智能太阳能板取代了传统的风帆，实现了二氧化碳减排。

未来，所有港口都会配备更为环保的航站中心。而如今，鹿特丹一处航站中心就已经实现了可再生能源的全面使用。未来，整个物流系统、航运公司与客户之间的交易以及客户对货物的全程追踪（从寄发至收货）将全部实现智能化管理，甚至船队、列车队、卡车队也都可以实现人工智能自动化管理。码头工人会越来越少，工程师、机器人专家和计算机专家将越来越多地在航运业发挥作用。

假如信息数据的传输取代了海上贸易?

虚拟空间传输的数据，其价值有一天会超过经海、陆、空实际运输的商品。这一趋势带来的最大益处，就是环境得到了更好的保护。

数字领域的规模每两年翻一番，2020年将会达到人均5 200千兆字节。互联网、社交网络、数字电视、移动电话、物联网与机器联网所涉及的数字信息有三分之二由私营单位和个体创建并使用。此外，还有企业、政府、医院和社保部门创制的信息数据。所有这些数据都需要传输。

在遥远的未来，3D打印技术的普及还会减少人们对实物运输的需求：很可能每个人都可以在家中直接制造所需物品，成本低廉。如此一来，大多数工业制成品和各种零部件的运输就会完全失去必要。只有3D打印必需的原料仍需要通过实际运输送至消费地。全球科技进步浪潮中常处于领先地位的鹿特丹港，在其研究中心安置了一间3D打印实验室，就是为了评估科技创新给港口带来的冲击。

在遥远的未来，集装箱的数量可能会减少，港口也不会像今天这样繁忙。

为了确保这么多数据的传输，尤其是确保那些“关键”服务，即需要随时随地为使用者提供全部数据的服务，仍需要同时起用地下电缆、海底电缆和通信卫星。

地下电缆和海底电缆将为占全球人口四分之三的城市居民提供95%以上的信息交换支持。在海面之下，人们将用到263条现有电缆和22条即将落成的电缆（其中包括中国计划敷设的）。有了这些电缆，数据的传输，尤其是银行和交易市场所有金融数据的传输就有了保障。而伦敦作为世界金融中心的地位也能因此长期得到保障。

此外，与电缆并行的通信卫星，如美国的一网公司（One Web）和太空探索技术公司（Space X）所产的卫星，将占据少量市场份额。预计会有648颗通信卫星升空以确保覆盖地球上每一个点。2020年，欧洲的“伽利略计划”中的30颗卫星预计将全部进入轨道。中国也推出了自己的全球定位系统（GPS）——北斗卫星导航系统，覆盖整个亚洲和部分太平洋海域，并计划于2020年覆盖全球。但总体而言，全球数据传输总量中只有几个百分点是通过卫星传输的。卫星主要服务于那些需要电话联系且比较分散的人群，尤其是在美国、非洲和海上。

讽刺的是，无论现在还是将来，我们在海上的互联互通都只能通过天上的卫星实现，而要在陆地上建立联系，又不能不通过海洋。

海能让定居者过上游牧的生活，而太空则让游牧者过上定居的生活。

丰富的海底资源，不久将触手可及

海洋中蕴藏着极为丰富的能源和越来越急需的稀有金属，而人类对这些宝藏的开发才刚刚开始。在资源开发的同时，能否使海洋生态系统不受破坏，这一点，谁都无法保证。

据估计，2017 年，海上碳氢能源的储量约为 6 500 亿桶，相当于全球已知原油储量的 20% 和天然气储量的 30%。2017 年，全球已知海底矿层主要位于中东地区浅海处；地中海和几内亚湾（尼日利亚和安哥拉）1 000 多米深处还发现了 450 个油田。值得注意的是，法国海外领土的广阔海域让人们相信在法属圭亚那、圣皮埃尔和密克隆群岛、马约特岛附近及新喀里多尼亚岛都可能会有意义重大的发现。人们估计在北冰洋也能找到丰富的碳氢能源。

然而，这些宝贵的资源，人类可能永远都不该取而用之。原因有二：首先，我们需要保护大洋底部；其次，这些能源在使用的过程中会产生二氧化碳。

海洋中的稀有金属尚处于未开发状态，它们以直径为十几厘米的球状结核形式存在。这种多金属结核由铁、锰、铜、钴、镍、铂、碲及锂和铊等稀有金属的氧化物组成，于 1868 年在喀拉海（西伯利亚以北的北冰洋边缘海）首次发现。目前，多金属结核主要分布于北印度洋、太平洋东南海域和中北部海域及墨西哥西部克拉里昂–克利珀顿区水下 3 500~6 000 米深处。据估计，这种多金属结核在海底共有 340 亿吨，其钴、锰及镍的含量是陆上已知资源总量的 3 倍，而铊含量则为后者的 6 000 倍。

海洋中还蕴藏着热液硫化物，含铜、锌、铅、银、金及一些稀有元素（铟、锗、硒）。热液硫化物所处矿层基本位于中央海岭沿线地带。海中还有含钴层，尤其是在克拉里昂-克利珀顿区和太平洋东北海域，总重量约 75 亿吨。

要想把多金属结核和热液硫化物从海底开采出来，无论从技术角度还是从生态角度而言都非常复杂：首先，开采设备必须能够承受 5 万千帕的压强，经得起水流冲击，撑得住远途航行（因为含有这些物质的各个海域非常分散）；再者，富含多金属结核的海域是生物多样性极其丰富的生命宝库。我们或许也应该做好永不开发的准备，将其视为一方生命的圣地、一片自然保护区，就像今天的北冰洋。

在海上，我们可以大量获取多种可再生能源，如风能、潮汐能和洋流能等。据估计，潮汐能和洋流能的发电量可达 160 千兆瓦，等同于 160 个核反应堆产能总和；波浪能发电量 1.3 万亿至 2 万亿瓦，相当于 1 300~2 000 个核反应堆产能总和；海水温差能和海水盐差能（利用河流入海口的盐浓度差）的发电量分别为 2 000 千兆瓦和 2 600 千兆瓦。但目前，人们还不知道如何有效并持久地获取这些能源。

当然，除了上述这些海底资源，在很远的将来，我们还会目睹生物科技、水产养殖业及海水淡化工艺的发展。总而言之，海上经济活动至少依然是人类社会第二大经济活动，也可能超过农业食品加工业跃居第一位。但一切的前提依然是经济活动要与海洋环境的可持续发展相适应。

哪些国家会在经济上掌控海洋?

未来，我们在历史上不曾见过的事情将会发生，那就是在军事和经济上居主导地位的美国不再拥有海上经济的掌控权：美国的海港不再跻身世界前列，它的海军武器装备公司在全球排名也不再数一数二。

相反，在海底数据传输方面，美国将会一直保持其世界领先地位。未来的海底电缆工程将会由美国私营企业发起并掌控。脸书（Facebook）和谷歌已经开始参与敷设从美国弗吉尼亚州至西班牙毕尔巴鄂长达 6 600 千米的海底光缆。该缆由 8 对光纤组成，初步设计的数据传输能力可达每秒 160 太比特，将成为连接欧美两大洲容量最大的海底光缆。该光缆系统支持与各种网络设备交互操作，因而其实际传输速度可以轻而易举地超过初始设计的速度。这两家美国公司还共同参与修建另一条连接香港和加利福尼亚州的超高速海底光缆，这条光缆长 12 800 千米，预计 2018 年可投入使用[1]。此外，还有两条由美国公司修建的电缆，一条连接纽约和伦敦，传输速度为每秒 52 太比特；另一条直接将美国连通至欧洲大陆（马赛），与途经中东、印度和亚洲的多条海底电缆实现互通。

---

[1] 截至 2019 年，该海缆系统尚未投入使用。——编者注

脸书、谷歌公司参与太平洋海底光缆计划（PLCN）的敷设工作

这条光缆率先采用了C+L波段的远距传输技术，总设计容量为世界第一。至2018年初，全球海底光缆总长度已逾120万千米，数量超过448条，承担着95%的国际数据流量传输重任。而互联网公司对海底光缆带宽用量需求的飞速提升，也使其迅速加入海底光缆的投资建设

接下来的几十年中，在卫星数据传输领域居主导地位的也会是美国。美国的波音公司和太空探索技术公司拟于2020—2030年发射数颗卫星以形成卫星群，为即时、无缺陷网络联通的实现提供保障。不过由卫星传输的数据仅占全球数据传输总量的很小一部分。

总体而言，美国（包括政府和私企）在未来至少30年内依旧能够掌控海底电缆、通信卫星及两者所传输的所有数据。它会充分利用这些条件来确保其本国的海路安全，控制全球生产所创造的大部分价值，尤其是金融业、机器人设计、人工智能、信息技术、智能信息网络、金融与高等教育数字系统，以及数据、健康和教育管理等新兴行业创造出来的价值。

海洋将因此而为美国实力的增强提供持久的动力。

中国依然能有几大港口保持世界领先地位，须走海路实际运输的绝大多数商品依旧会在这些港口装船起航，运至世界各地。

2035年前后，中国将成为旧世界的第一大强国，而美国则会是新世界首强。

再往后，中国可能也会在数字产业和数据传输领域占据主导地位：最近，中国就已接连推出东海、南海、跨太平洋、跨印度洋和跨大西洋几项海底电缆敷设计划。华为海洋目前正在全力协助46项海底电缆敷设计划的准备工作。值得注意的是，这家中国企业准备在不久的将来敷设一条连接喀麦隆克里比和巴西福塔莱萨、长 6 000 千米的跨大西洋海底电缆。可见，对中国而言，非洲和巴西意义非凡。

今后，包括印度尼西亚、韩国、日本、越南、马来西亚在内的其他亚洲国家和澳大利亚都将需要购买中国的服务。接下来，便是埃塞俄比亚和尼日利亚，还有海湾国家和摩洛哥。

世界瞬息万变，欧洲国家只有发展海上力量、重新找回并确立独属于自己的身份定位，方可维持现有的生活水准。

法国，要做第九次尝试吗?

法国要想成为一大强国，首要前提只能是让巴黎成为一个港口城市。但距离巴黎最近的海港却在勒阿弗尔。此种情况下，巴黎必须像一座港口城市那样运转起来。作为一国之都，它必须明白，加入“塞纳轴心城市群”，无论在经济、社会还是文化方面，对其本身而言都是大有裨益的。要想建成这样一个城市群，整个塞纳河谷地区就必须全部听候一个地方政府的调配，尤其需要将巴黎、鲁昂和勒阿弗尔三地凝聚成一个单一的政治行政实体，如同业已建成的巴黎、鲁昂、勒阿弗尔三大城市港口联盟——“阿鲁巴”（Haropa）。要想使“阿鲁巴”不断壮大成为国际大港（赶在北极航线的通航使北欧各港口重新焕发生机之前），法国必须明确地将海上力量的发展作为当务之急，尤其是勒阿弗尔港的闭塞现状必须得到改善，港口基础设施要跟上时代步伐，需要与巴黎和以德国杜伊斯堡为首的中欧各河港之间建立起快速铁路线和快速河运线，集装箱运输模式也必须实现便捷化。

还有许多其他海港，如马赛、布洛涅、敦刻尔克、加来、波尔多、布雷斯特、圣纳泽尔，也应当与后方内陆地区建立更为密切的联系。

此外，法国拥有1 100多万平方千米领海，居世界第二。如此辽阔的海域，其价值理应得到彰显。而首先需要彰显的，就是法国海外领土的价值，那里决定着一切。我们可以行动起来，甚至可以将负责管理海洋的国家机构设置在海外领土；可以将留尼汪作为中国通往非洲的一个必经站点；使卡宴（法属圭亚那首府）成为拉丁美洲一大海港，使帕皮提（法属波利尼西亚首府）成为太平洋上一大驿站，使安的列斯群岛成为海洋生态旅游的一大胜地。法国必须重新掌控海底电缆业，必须确保整个领土范围内的布缆工作迅速完成。当然，还可以与周边法语国家展开许多其他项目合作。为此，整个法国社会需要沉浸在一种海洋文化氛围里，在这种文化里，人们更珍视变化而非因循守旧，同时继续保持对精致、卓越与恒久的执着追求。

没有领海的内陆国也能崛起吗?

某些国家并不临海也同样能够崛起。办法就是创造具有高附加值的轻型产品或非物质产品，并选取适宜的运输方案。

缺陷，就是行动的第一原动力。

有两个国家的发展历程可以为他国提供经验。

首先是瑞士。这是全球最发达的国家之一，但它也是一个内陆国。甚至可以说，恰恰就是深居内陆这一点对瑞士形成了一种推动力，使其往机床、化学、制药、精密仪器及金融服务等高附加值产品方向钻研。瑞士 43% 的出口产品走空运；20% 的进口产品和 15% 的出口产品走铁路运输，只有 10% 的产品走河运；剩下的全部选择公路运输。在瑞士境内，有 16 家航运公司管理着 140 余艘货船，它们途经 12 个湖泊，以及从巴塞尔到莱茵费尔登的莱茵河沿线河运航道网，还有沙夫豪森到博登湖（又称康斯坦茨湖）沿线地区。

瑞士正是凭借着对卓越品质的不舍追求和金融服务业的发展（先是通过地下电缆，后经海底电缆）才逐渐壮大了自身实力，为今后的发展道路添砖加瓦。未来，瑞士综合国力世界排名得以保住的前提，便是需要顺应数字经济发展的大潮，同时永不以成为超级大国为目标。

卢旺达的发展模式与瑞士截然不同，但同样很成功。如今，这一内陆国的人均 GDP（以购买力平价计）达到了 945

美元，尽管依旧处于低位，但与20年前相比，已经增长了4倍之多。这样的增长是通过经济发展模式的转变实现的。在这20年中，原来主要依靠矿产和农业来发展经济的模式转变成了部分依靠服务业的发展模式。该国主要出口产品依旧是金属、矿石、咖啡、茶、谷物和蔬菜，输往刚果（金）、肯尼亚、美国、中国、阿联酋和印度。咖啡和茶以外的出口产品有95%都是经由公路或铁路输送至东非第一和第二大港（分别是肯尼亚的蒙巴萨和坦桑尼亚的达累斯萨拉姆）。数字业与服务业将成为卢旺达发展战略的关键领域，这两大行业的发展也将由地下和海底电缆提供支持与保障。

卢旺达期盼于2050年前成为“第二个新加坡”。它需要制定一个新的法律框架，使运用无人机向偏远地区及港口运输商品成为可能。是否启动数字信息传输业决定着这个国家的未来。

以上两个例子或许能使其他内陆国（如最大的内陆国哈萨克斯坦、中欧国家及部分拉美国家）等有所受益。

总而言之，一个国家要想发展起来，就必须重视海洋，深刻改变发展模式，从而开创一个积极有效的海洋经济。本书末章将对海洋经济做详细阐述。

10

未来的海洋地缘政治

今后很长一段时期内，海洋依旧是一些人凌驾于另一些人的力量来源与关键所在。如今的一切都在向我们宣告：未来的经济大权将分由两国掌控，一个是传统经济体中的新兴超级大国——中国，一个是新经济体中的老牌超级大国——美国。两者都是太平洋沿岸国家。一切又都在向我们宣告：未来地缘政治的紧张态势主要存在于中美频繁活动之处，而其中一个重要地点便是在这茫茫大洋之上。也就是说，东海、南海和太平洋是中心地带。此外，在为两国输送资源、输出产品的诸多进出口海上贸易航线上，也容易出现各种摩擦。

冷战时期的海洋地缘政治

从 1945 年起至今，每一次的紧张态势都以海洋为中心引发，几乎所有的内战及险些引发世界大战的威胁也都是以海洋为中心爆发开来。

尽管自 1945 年起，飞机与火箭似乎在经济和地缘政治中抢占了主要角色，但决定一切的，依然是海上，或者说尤其是海下。因为从那时起，杀伤力最强的武器就位于海下。所有的电缆也是敷设于海下，而保护这些电缆就是各强国在地缘政治中需要考虑的头等大事。

1949 年成立的北约，最初以确保大洋上的航行自由、保护各沿海国家不受苏联攻击为使命，可见其中心着眼点也是海洋。

自 1950 年冷战初期开始，携带多枚核弹头的核动力洲际导弹潜水艇就在海下开始了它们的服役生涯。1950 年，美国的“大比目鱼号”成为世界上第一艘能发射导弹的核潜艇。苏联紧随其后，与美国竞相研制杀伤力最强的武器。

中华人民共和国成立后，也着手建立自己的海军队伍。毛泽东曾说：“为了反对帝国主义的侵略，我们一定要建立强大的海军。”[1] 说这话的时候，也是 20 世纪 50 年代初。

---

[1] 这句话是毛主席于 1953 年视察“长江号”和“洛阳号”战舰时给官兵的题词。——编者注

英法两国曾妄想让全世界尊重它们以往凭借自身强大实力而获得的权益。1956 年，苏伊士运河危机的爆发标志着这一企图的最终失败和美苏称霸新格局的确立。为了阻止实施铁腕政策的埃及新总统贾迈勒·阿卜杜勒·纳赛尔将苏伊士运河（由法国人开凿，后转由英国人控制）国有化，英法空降部队至埃及，但最后却遭到美苏的反对与驱逐，令其蒙羞。从此，各大洋乃至全世界都掌控在这两个新兴大国的手中。

冷战不断升级，于 6 年后达到顶峰。1962 年 10 月中旬，苏联在海上向古巴（1959 年加入共产主义阵营）派出了携带核导弹的船只。而美国总统约翰·肯尼迪为了阻止苏联在岛上登陆并驻军，于 10 月 22 日宣布对古巴展开封锁。双方剑拔弩张，一场核武器战争即将爆发。5 日后，苏联退军，所有战舰携导弹全部返航。作为表面上的回应，美国承诺放弃在土耳其设置核导弹的计划。

与此同时，法国也在不断努力。1967 年 3 月 29 日，全法第一艘核潜艇——“可畏号”（*Le Redoutable*）在瑟堡下水。该潜艇携带 16 枚导弹，每枚导弹的射程为 3 000 千米。

至此，冷战进入一个以较量核威慑为主的新阶段，拥有能向敌方发射导弹而不被侦测到的潜艇就成了御敌之关键。这种导弹核潜艇比机载核武器和从陆上基地发射的核武器更安全、更不易遭受攻击。

军备竞赛正式拉开帷幕。导弹核潜艇的数量迅速增长：

1970年，美国拥有41艘，苏联拥有44艘。其他国家也有了自己的核潜艇。法国继“可畏号”后，又建造了“可惧号”（*Le Terrible*）、“雷霆号”（*Le Foudroyant*）、“不屈号”（*L'Indomptable*）和“霹雳号”（*Le Tonnant*）核潜艇。

1983年1月，冷战呈现出了另一种态势。鉴于导弹核潜艇行迹莫测，美国总统罗纳德·里根抛出“星球大战”计划，旨在针对敌方核潜艇发射的洲际导弹研发空中拦截技术，以保证美国的安全。作为回应，苏联试图开启一场科技竞赛。这场竞赛关乎苏联的命运，因为美国的空中拦截一旦奏效，苏联的核威慑力便不复存在。与此同时，整个世界展开了去核武器的讨论，有些国家的态度游移不定，但最终还是达成了几项不扩散核武器条约。

1982年4月2日，一个美苏没有参与的孤立战事在英国与阿根廷之间爆发：阿根廷军事将领派出4艘中型战列舰、1艘潜艇、1艘装甲车登陆舰、1艘破冰船及1艘货船占领了南大西洋阿根廷沿岸的邻岛——马尔维纳斯群岛（法国称“马洛于内群岛”，这是岛上第一批居民——来自法国圣马洛的渔民于1764年所起的名字。该群岛1833年被英国占领，英国称之为“福克兰群岛”）。英国时任首相玛格丽特·撒切尔为收复失地立即派遣9艘战舰紧急出动，其中有5艘执行对空任务的战舰、3艘反潜艇战舰和1艘石油补给船。这场争夺战让英国意识到皇家海军已岌岌可危。海战中，阿根廷有可发射鱼雷的战舰参与作战。英军死亡人数约为 250 人，阿根廷约为 750 人。6 月 14 日，阿根廷部队投降。整个海战中，美苏两巨头均未露面，谨慎地与冲突保持距离。

1986 年，苏联新任领导人米哈伊尔·戈尔巴乔夫无力继续军备竞赛，决心改革。1991 年，苏联解体。冷战犹如之前所有战争一样，在海上和海下展开角逐。

未来的主宰之地，冲突之源

我们从近年来的海上摩擦中可以清楚地看到未来的国际冲突将会来自何方。和以前一样，尽管争执的焦点往往是陆地，势均力敌的冲突双方依然是在海上展开对峙，目的是阻断敌方前行的道路，以便实施封锁、入侵敌方领地、延缓敌方登陆、控制敌方商业航道和海底电缆，抑或是攫取海底宝贵资源。

具有主宰力的国家，或以拥有主宰力为目标的国家，很可能都是太平洋沿岸国家。它们都想主宰这片海洋，尤其是控制原料获取和货物运输网络，其中最具实力的当属美国和中国。

各国在其他海域也会你争我夺、针锋相对，如决定其资源供给和商品出口的大型商船往来之地、原料蕴藏量极为丰富之地和极具战略意义的海底电缆线路要冲。

一些边缘性人群或新出现的团体，如犯罪集团和恐怖组织，会在这些海域展开袭击，以打击其所反对的政权之核心。

我们可以按照可能性由大到小的顺序列出未来会发生冲突的海域：

南海（350 万平方千米海域），北起中国南部，南至印度尼西亚北部，西邻越南东部，东抵菲律宾西部，是繁忙的海上要道。中国 90% 的出口商品在这里中转，全球 30% 的海上运输和一半以上的石油运输也要经过这里。这里的海上交通规模是苏伊士运河的三倍、巴拿马运河的五倍。这一海域的捕鱼量占全球总量的 8%。众多群岛（南沙群岛、西沙群岛、东沙群岛）周围蕴藏着包括石油在内的极为丰富的各种原料。

渤海、黄海和东海（125 万平方千米海域），位于中国、日本和韩国之间，也是具有战略性意义的一处海域。

印度洋，是中国和印度两国几乎所有进出口商品的必经之地，也是一处战略性海域。这里可能会爆发许多冲突。

红海，依然是贸易要道，每年有 2 万艘货船运载全球 20% 的工业制成品和石油从亚洲途经这里驶向欧洲大陆。美国和法国的海军驻扎于此，军事基地建在吉布提。

波斯湾，交错并汇集着从伊拉克至伊朗、从阿拉伯半岛至卡塔尔的所有逊尼派和什叶派力量。此处石油储量占全球总储量的 60%，全球 30% 的石油从这里出口至其他国家。

地中海，同样保持着自身的重要战略地位。沿岸有 11 个欧洲国家、5 个非洲国家和 5 个亚洲国家，总人口超 4.25 亿。这是世界上最大的陆间海，只通过苏伊士运河河口和直布罗陀海峡两个出口与外海相连。全球商品贸易有 30% 途经这里。途经这里的船只达 13 万艘，包括全球 20% 的石油运输船和 30% 的商船。法国所需的天然气有四分之三都是经由这里运抵本土。此处有天然气田，尤其是在希腊、塞浦路斯、以色列、土耳其和黎巴嫩附近海域。地中海沿岸是全球第一大旅游区，如果没有新的经济危机爆发，该地区将在 2030 年迎接 5 亿名游客的到来。

与地中海较富裕一侧的 5 亿居民隔海相望的，是较穷困一侧的 10 亿民众，而这 10 亿人很快会变成 20 亿。2016 年，有超过 36 万移民从利比亚和突尼斯去往意大利，从土耳其去往希腊和保加利亚。客轮越来越大，如今每艘可最多容纳 900 人，这一载客量很快就能增至数千人。可能还会有骇人的自杀式船只挟持人质驶向意大利、西班牙、希腊或法国沿岸地区。因此，从今天起，法国、美国、俄罗斯（在叙利亚的塔尔图斯港设有军事基地）等许多国家的海军战队就开始在这一海域加强巡逻。

最后是大西洋，虽然在很长一段历史时期内令诸国垂涎，可如今已不再是关键之地，甚至连美国海军都可能会放弃它。只有南大西洋海域仍然处于监视之下，因为这里是拉丁美洲与非洲之间国际毒品交易的必经之地，还因为几内亚湾蕴藏着丰富的石油和渔业资源。

海峡，潜在冲突爆发之地

连接上述这些海域的海峡也是战略性地位极高、冲突频发之地。海峡是战争中所有参战国的薄弱之处。

马六甲海峡，位于印度尼西亚苏门答腊岛、马来西亚和新加坡之间，每年途经此地的船只达 65 000 余艘，其运输量占全球海路运输总量的 20%。全球石油海上贸易有一半都从这里经过，中国 80% 的能源进口也都途经这里。如此狭窄的海峡，数千年来就是海盗和恐怖分子的首选目标。或许某天，他们会借助这一天然的地理优势，只消击沉 3 艘船，就能轻而易举地使全球经济陷入瘫痪。

霍尔木兹海峡，宽 63 千米，位于阿曼外海，介于伊朗和阿联酋之间。每年有 2 400 艘油轮途经这里，它们每天的原油运输量达 1 700 万桶，占世界石油贸易总量的 30%。这一海峡面临着与马六甲海峡一样的风险。

曼德海峡（Bab-el-Mandeb，意为“泪之门”），位于吉布提与也门之间，所有从红海进入亚丁湾，即进入印度洋的船只都途经这里。该地面临同样风险。

莫桑比克海峡，临近科摩罗岛，介于莫桑比克和马达加斯加之间，来往船只络绎不绝。此处海面以下有着丰富的石油资源，尤其是法属马约特岛附近海域。该地也面临同样风险。

此外，因死海水位逐年降低，人们于 2018 年起在红海与死海之间修建一条长达 180 千米的运河。这条运河可以使人类最早的城市之一——杰里科紧紧依傍的死海起死回生，还可以为初步有效解决巴以问题添砖加瓦。

北极，多国相争的海运要冲

北极地区的大洋底部蕴藏着极为丰富的石油资源，但它不像南极那样有特殊条约保护而免受多国贪婪之欲的威胁。目前，只有 1982 年于蒙特哥湾签署的《联合国海洋法公约》将北极列入保护范围，但与其相关的也只是一些笼统宽泛的一般性规定。于是，北冰洋沿岸所有国家都要求在此划定自己的专属经济区，使本国船只能在前一章提到的那几条航道上畅行。然而，这些国家所提出的要求无法一一满足，因为他们的专属经济区有重叠的部分。所以，这里也会是冲突多发之地。

丹麦宣称对临近格陵兰岛的汉斯岛拥有主权。美国则宣称拥有波弗特海的主权，并利用图勒空军基地（格陵兰岛）管理雷达网络。如今，美国潜艇已在未经许可的情况下从浮冰层下方穿越，行至加拿大诸岛外海。俄罗斯也想在北极地区拥有自己的主权，要求将面积约 120 万平方千米的罗蒙诺索夫海岭划入自己的大陆架范围内。此外，俄罗斯还计划在巴伦支海开发天然气储量约占全球总储量 2% 的什托克曼天然气田。如果浮冰层继续以今天的速度不断融化，这些蕴藏着丰富油气资源的矿层 5 年后就可以开采了。

加拿大对上述各国在北极地区提出的要求持反对态度，且着手在纽芬兰北部的巴芬岛北端建立一个军事基地。加拿大认为北极地区的海上航道均为其领海。当然，其他国家对此都表示否认。

海底电缆通过之处

海底电缆穿越各大洋，所处深度各不相同，但并非坚不可摧。它们会在侵蚀作用下自然老化，会被鲨鱼啃食，船只抛锚刮擦海底时或渔夫撒网时也可能会对电缆造成破坏，海底火山活动甚至能把它们变成碎片（1929 年股市大崩盘后不久，一场地震摧毁了第一个跨大西洋海缆网络，那时还只是电报电话缆线），人为蓄意破坏也是一个可能的因素。

海底电缆也是多方觊觎的目标。美国国家安全局通过几处切入点与海缆相接，对全球范围内传播的近四分之三数据实施拦截。如今，一些小型潜艇可以拦截海缆上所有通信信息和所有交换数据，还可以将海缆截断。海缆附近海域的俄罗斯潜艇和巡逻艇于 2014 年至 2015 年间的巡逻任务增加了 50%。这就是时代向我们发出的信号。

为了保护海缆，强国派出海军舰队在附近海域加强巡逻，人们也开始将海缆埋入更深的海底并加覆厚厚的保护层。

海军战队应对威胁

如今，整个世界对海洋的依赖程度很高，未来亦会如此。各国赖以生存的主要物品依然会通过海上运输送达。冲突爆发时，敌人会最先从海上发动袭击，自古以来便是如此，因为这样做可以切断对方的资源供给，也能有效阻止对方盟友前来增援。

如果我们不加谨慎，当恐怖分子有一天得知在哪里可以打探经济和地缘政治权力的真相、哪里能反映其真正本质的弱点时，他们就会在这些地方发动袭击。

因此，要保家卫国，海面最远处和海底最深处就是关键之地。

面对威胁，我们无论是攻击还是防卫，各兵种及武器装备都必不可少：海军战队，（舰载或非舰载）航空兵部队，密切监视敌情的通信卫星，还有保障沿岸地区与海港安全、可

北极海域的冰层

图中的波弗特海是美国与加拿大的争议海域。海洋蕴含的丰富资源及其本身的战略地位，使得北极附近的海域也会成为地缘政治的博弈焦点

随时登舰作战的陆军部队。

各兵种中，尤其是海军战队的比例会有巨幅增长。

而多年以来，海军战队已经实现了大踏步式发展：1914年，世界上拥有海军的国家只有39个，如今已达150个。海军实力最强的七国是联合国安理会五个常任理事国外加日本和印度。

未来的军备竞赛首先会在海上展开，最可能的竞争双方就是美国和中国。

美国自1945年起就拥有了全球实力最雄厚的海军，且在今后很长一段时期内依然会保持这一领先地位。美国海军舰艇总吨位超过排名其后的6个国家的总和。如今，美国拥有50艘攻击型核潜艇（SNA）、14艘战略核潜艇（SNLE）、11艘航母，军舰总数超过275艘，总吨位达300余万吨。仅一艘“阿利·伯克级”驱逐舰就可以运载96枚不同类型的导弹。一艘330余米长的“尼米兹级”航空母舰可容纳6 000名将士和80台设备。第一艘新型航母“杰拉尔德·R. 福特号”造价约130亿美元。位于弗吉尼亚诺福克的海空军事基地是全球最大的海空基地，工作人员（包括军人和普通员工）有6万名，比法国海军全体官兵总数还多。美国海军有30多个海外军事基地，遍布全球各处公海。

到2034年，美国海军可能会拥有至少300艘战舰，会新添3艘可搭载F-35战斗机的“杰拉尔德·R. 福特级”航母。

美军参谋部预计需要在接下来的 7 年中另增 800 亿 ~1 500 亿美元的开支才能实现2030年海军战舰总数增至355艘的计划。

美国海军部队中还会出现可自主航行的舰船，即智能无人艇，装备定向能武器（激光、电磁辐射、将中子或等离子体进行加速的粒子束）和可投射导弹的无人机。至今，还没有任何迹象表明人们在将来可以侦测到核潜艇（包括攻击型核潜艇和战略核潜艇）的行迹。

据我所知，目前的中国拥有 183 艘军舰，攻击型核潜艇数量居世界首位（65 艘，美国 50 艘），正在大踏步地加快海军建设步伐：2013—2017 年共建造了 80 艘军舰。第一艘自主研制的航母将于 2020 年投入使用。中国核潜艇（包括攻击型核潜艇和战略核潜艇）的数量也将在 2020 年超过 70 艘。到 2030 年，它的作战舰队成员数量将几乎与美国持平，或超过美国，军舰总数将达到 415 艘。

如今，日本驱逐舰和中型战列舰的数量超过英法两国的总数，但尚无核武器。未来，日本会继续发展海军力量，会拥有自己的航母。韩国和朝鲜也一样。韩国现有潜艇数量为 15 艘，海军将士共 7 万人。朝鲜拥有 70 艘潜艇，6 万将士。

人口快要超过中国的印度，到 2030 年将拥有 12 艘常规潜艇、7 艘战略核潜艇、16 艘驱逐舰和 4 艘航母。它的航母舰队将位列全球第二，海军舰队位列亚洲第二。巴基斯坦也想建造属于自己的潜艇，与印度并驾齐驱。

印度尼西亚，未来的世界强国，将会有 274 艘战舰，其中包括 30 余艘潜艇，但战略核潜艇的数量为零。越南向俄罗斯购买了 6 艘新潜艇。澳大利亚拥有 52 艘战舰，另有 12 艘攻击型核潜艇（法国建造）、9 艘中型战列舰和 12 艘巡逻艇在建，并计划于 2021 年更新现有石油补给船。此外，为了确保澳领海及附近海域的安全，新一级近海巡逻舰于 2018 年开始建造。

到 2030 年，中国、日本、朝鲜半岛、越南、新加坡、印度、巴基斯坦、澳大利亚、印度尼西亚和马来西亚拥有的潜艇数量将占全球总数的一半以上，这些国家的航母总数也几乎是全球总数的一半。

俄罗斯，这一大陆性极强的国家，开启了地缘战略的复兴之路。俄罗斯已开始将自身发展定位于海上，在各大洋都能见到它的身影。2020 年，俄海军将拥有 1 艘新的航母，15 艘战略核潜艇、25 艘攻击型核潜艇、6 艘巡洋舰、90 艘中型战列舰。

英国将在 2030 年新添 2 艘航母、4 艘战略核潜艇和 21 艘攻击型核潜艇，其海军力量将达到历史巅峰。

而法国海军在各方面发展都相当有限，目前拥有 1 艘航母、6 艘攻击型核潜艇、4 艘战略核潜艇、21 艘中型战列舰、3 艘两栖攻击舰、21 艘巡逻艇、11 艘扫雷舰、3 艘大型拖船、2 支两栖舰队。20 年后，法国将新添多艘中型战列舰和 1 艘航母，除此之外，再无其他。令人担忧的是，倘若法国不将海洋视作首要战略任务，那么，它能保护的就只有自己的本土，而对于太平洋和印度洋上的海外领土等其他地方都无能为力。法国无法保护其专属经济区内的所有海域，而这些海域本可以成为其未来的核心遗产。

前文列举的海上强国中，并没有非洲和拉丁美洲国家。我们有可能会在下一个世纪中看到它们的身影。

最后，海上恐怖主义活动可能会成为未来战争的一种新的形式。我们可以想象，恐怖分子可能会采取多种作战方式，例如启用潜艇和无人艇，出动自杀性船只或满载人质的船只向巡洋舰或海港发起猛烈冲击，派出满载炸药和移民的船只穿越地中海，还可能会蓄意捣毁一部分最重要的海底电缆。

PAUL J. RAINEY'
MARVELOUS ARCTIC STUDIE
THE MOST BEAUTIFUL MOVING
PICTURES EVER TAKEN.

11

未来的海洋会遭受灭顶之灾吗?

海洋教会水手做梦，梦见海港杀机四伏。

——贝纳·纪欧多，《陆上人》

从前文所述内容可以看出，海洋承受的人为压力与日俱增。人类破坏海洋的形式多种多样：渔猎、海上运输、制造垃圾、致使气候变暖、开发大洋底部……

所有这些破坏性的活动打破了整个地球在化学和物理上的平衡，那么，30 亿年前促使生命在海下诞生、5 亿年前使生命离海登陆、历经千古推动生命演化直至人类出现的这非同一般、不可思议却又不免脆弱的生存条件，是否还能继续使生命存活下去？

于是，在今天，海洋的历史就这样与海洋视角下的人类历史相交汇，而这两部历史，其中一部能终结另一部。海洋中的生命不会绝迹，但人类及其他一些物种却会。

无论现在还是未来，海洋始终都能为生命提供最基本的生存条件：空气、水、食物和适宜的气候。没有了海洋，任何一个生物群落，哪怕是最高级的，都无法幸存。假如某些脆弱的化学物理平衡被打破，地球将不再是适宜的栖身之所，至少对人类来说是这样。

这种失衡的状况或许会引发第六次物种大灭绝，而这次会由一类特殊生物的行为所导致，不像前几次受自然环境影响而发生。倘若这一灾难降临于世，生命不会从地球上彻底消失，就像前几次大灾难爆发后的结果一样。相反，它至少会在海下以一种简单而极富活力的形式存在，之后便是重生，衍生出更多样、更超乎想象的新物种。但其中不会有人类的身影，因为我们无法在水中生存。

然而如今，人类及其他生物普遍面临多重危险，我们至少可以列举出以下八种。

饮用水匮乏

地球上，水资源的总量是恒定的。但各种水资源的比例是可变的。全球平均有 97.5% 的咸水和 2.5% 的淡水（约 3 550 万立方千米）。在地表，淡水以冰川（68.7%）、含水层（30.1%）和永冻土（0.8%）的形式存在；在大气中，以水蒸气（0.4%）的形式存在。全球淡水含量最高的湖泊是贝加尔湖，蓄水量为 2.3 万立方千米，形成于 2 500 万年前，是现存最古老的湖泊。既可饮用又以液体状态存在的水资源还不到全球水资源总量的 0.8%，可以说微乎其微。

淡水 70% 用于农业，20% 用于工业，此外还用于满足人们的卫生需求，供人类与其他动物饮用的比例是很小的。

无论生产任何物品，都需要大量的水：制作一条牛仔裤需要 10 升水；生产 1 公斤棉花或稻米需要 5 000 升水；生产 1 公斤土豆或小麦用水量为 600 升；生产 1 公斤玉米需用水 450 升；种植 1 公斤香蕉需 350 升，而生产 1 公斤肉类产品则需要等量的水。就连制造一个容量为 1 升的塑料瓶，也需要 0.25 升的石油和 6 升的水。

淡水资源分布不均，人口稀少的地区（亚马孙平原、阿拉斯加、西伯利亚、加拿大、北极和南极）淡水资源丰富，人口稠密地区（非洲、中东）却很匮乏，但伊拉克、中亚、孟加拉国和中国北部地区不在其列。40% 的大陆所拥有的水量只占全球水量的2%。中国和印度人口总和占全世界人口的三分之二，却只拥有全球淡水资源的10%。9个国家所拥有的淡水资源总和占全球的60%。

总体而言，由于全球经济和人口的增长，以及泉水、湖泊的污染，可饮用水在世界各地都开始面临匮乏的问题。1950年全球人均可饮用水资源量为每年16 800立方米，而2017年只有每年5 700立方米。全世界已有超过27亿人每年至少有一个月的时间处于缺水困境，有7.5亿人深受水资源紧张的影响（每年1 700立方米），其中36%是非洲人。四分之三的中东居民身处水资源紧张困境，他们中有一半人（埃及人和利比亚人）甚至只有每年500立方米的饮水量。全球有10亿人缺乏最基本的卫生条件。

人类可获取的水资源越来越少，足够全球一半人口饮用的地下含水层，有五分之一都处于过度开采状态。

从现在起至2050年，同样是由于经济和人口的增长，可饮用水的需求还会再增长55%，其中70%用于农业，10%满足家庭日常需求。但同时，越来越多的可饮用水会遭受污染。2030年，全球人均可饮用水资源量会低于每年5 100立方米，不足1950年的三分之一。2025年后，将有25亿人陷入水资源紧张，18亿人的生存之地将面临严重的"绝对缺水"问题，即每人每年只能享用不到500立方米可饮用水。到2050年，会有超过50亿人陷入水资源紧张，而面临绝对缺水问题的人口数量会达到

23亿，恒河盆地上部的地下含水层、西班牙南部和意大利的地下含水层都将全部耗尽，许多其他地方的含水层之后也会滴水不剩。贝加尔湖如今已遭受威胁，尤其是受到污染的侵袭。

可饮用水很快就会变得比石油还稀缺，可以说几乎比所有的原料都稀缺，除了砂。

海砂即将耗尽

水，并不是唯一一种来自海洋又正步入枯竭的资源。砂，是排在水和空气之后，人类消耗量最多的资源。多少亿年以来在侵蚀作用下形成的砂，是人类主要活动中长期必需的原料。建造房屋、公路、桥梁，砂的需求量都很大。盖一座中等大小的房屋需要200吨的砂，建1千米高速公路需要3万吨，一座核电站需要1 200万吨。砂是生产水泥和混凝土（由砂和水泥按2∶1的比例加水混合而成）的原料。除此之外，制作塑料、油漆、发胶、牙膏、化妆品和轮胎时也会用到砂。砂还是玻璃生产过程中所需的重要原料。

因此，到处都有人寻砂、采砂、买砂，到处都有进口砂的需求。全球每年消耗300亿吨砂，中国的消耗量占了一半。砂一经使用无法回收再利用。自古以来，人们都是在采石场或海滩获取砂石。

亟待扩大领土的新加坡，利用砂石建造为数众多的人工岛，成为目前全球第一大砂石进口国。中国 2011—2013 年使用的砂石总量超过美国在整个 20 世纪中的使用量。法国每年消耗的骨料和砂石达 4.5 亿吨，只为满足其建筑工程的刚需。在如今这样一个需要修建桥梁公路、新建机场、搭建楼房的世界，人们对砂的需求只会越来越多。

然而，自从陆上采石场的砂石用尽之后，建筑用砂就只能从江河湖海里获取。沙漠里的沙过于松散，需要用多棱、粗糙的颗粒将其紧紧结合在一起方可用于建筑。

人们疯狂地获取建筑砂石，导致印度部分河床遭受毁灭性破坏，印度尼西亚某些岛屿消失无影，越南一些森林也被夷为平地。非法采砂者使用特殊的采砂船，效率最高的可以在海滩或自家周边地区每天采掘 40 万立方米砂石。为了掩盖这些非法活动，每年还会发生数百起凶杀案。

如果人类以这样的速度继续采掘砂石，到 2100 年，世界上就再也看不到海滩了。在佛罗里达，90% 的沙滩已经逐渐消失。

全球还剩下 12 京吨砂石，理论上推算可以供人类使用 400 万年，但事实上，可以利用的仅仅是很少的一部分。

海洋生物濒临灭绝

2050 年，全球人口至少会达到 90 亿，而备受化肥、土壤贫瘠化和环境因素威胁的陆上农业生产将无法满足这么多人对食物的需求。到那时，海产的重要性就会比今天还要明显。然而，渔业的发展程度已经超出了自然所能承受的范围。但为了向更多的人提供至少和今天一样多的鱼类产品，渔业和水产养殖业的产量依然会继续增长。

2022 年，亚洲人均鱼类年消费量将达到 29 公斤，欧洲为 28 公斤，北美 25 公斤，大洋洲 24 公斤，南美 12 公斤，非洲 9 公斤。世界人均鱼类年消费量约为 20 公斤。可见，未来人均量并不会超过今天的水平，但随着人口的增多，总量会上涨。

然而，今天海洋中的许多生物都已经濒临灭绝：90% 的大型鱼类（金枪鱼、鲨鱼、鳕鱼和大比目鱼）已经绝迹；24%~40% 的海洋脊椎动物将会消失。目前，被列入世界自然保护联盟（IUCN）濒危物种红色名录的海洋鱼类和无脊椎动物就多达 550 余种。早在恐龙诞生之前就已存在且对海洋生物平衡起重要作用的鲨鱼和鳐鱼，如今也正面临灭绝的危险。全球鲨鱼总数在 15 年间锐减 80%。虎鲨、锤头双髻鲨、牛鲨、灰色真鲨的数量自 20 世纪 70 年代初以来已减少了 95%。唇部奇特的苏眉鱼和伊河海豚也濒临灭绝。

大型掠食动物的濒危现状使捕鱼者将目标锁定到位于食物链下一级的动物。如此一来，人类餐桌上的对虾和磷虾就会大幅增多。

纵使海洋野生鱼类价格暴涨，其产量也无法人为增加，因而人们转向提高水产养殖业的产量。如果不加留意，或许还会有人利用基因科技或转基因技术来实现这一目标。根据世界粮农组织的预测，到 2030 年，人们食用的鱼类只有三分之一来自海洋。其实，除了鱼虾等海鲜，海带、紫菜等藻类植物也是很好的海产品。

沿海地区人口集中

目前，距海岸线 30 千米范围内居住的人数超过全球人口的 20%，离岸 100 千米范围内聚居着全球一半的人口，而离岸 150 千米范围内居住的人数就多达 38 亿。2035 年，沿海居民的人数将增至全球人口的 75% 以上，因为那里会有更多的机遇和就业机会。

沿岸人口如此密集会带来灾难性的后果，造成陆地和海洋的双重污染。可耕地和动植物的生存环境会遭到破坏，河流湖泊生态系统会变得脆弱，水源会越来越匮乏，此外，海岸附近水域盐度也会越来越高。能储存碳、保护海岸、为 1 亿多人提供生活和农业生产所需环境的红树林，也可能会消失（红树林遭受毁坏的速度已为普通森林的 5 倍）。

从长远角度看，随着全球气候的变暖，红树林会以更快的速度消失。因为气候变暖会导致海平面升高，而离岸很近的例如红树林这样的生态系统，就会淹没在洪水之中。

人类活动导致垃圾堆积

杀虫剂、硝酸盐、磷酸盐、铅、汞、锌、砷等有害物质最终都会流入江河湖海。它们会导致绿藻大量繁殖。在海上运输过程中，平均每年会遗失一万个集装箱，尤其是在暴风雨来袭之时。

除此之外，还有人类制造的垃圾，当然绝大多数是没有经过处理的，尤其是塑料制品。全球每年生产 5 000 亿个塑料袋和几乎同样多的塑料瓶。根据绿色和平组织提供的数据，仅可口可乐一家公司每年生产的塑料瓶就达 1 000 亿个。

这些塑料包装制品的使用时间平均只有 15 分钟，其中一半只使用一次就被扔进江河或含水层，最后汇入大海。进入大海的塑料制品中，近三分之二都来自 20 条河流，其中有 6 条位于中国。除了塑料袋和塑料瓶，还有其他垃圾也会被扔进大海，如烟蒂、化妆品制造过程中使用的塑料柔珠和纺织业使用的细微颗粒（直径小于 5 微米，部分来源于再生塑料）。此外，海盐里也发现了塑料颗粒。根据一项对伊朗、日本、新西兰、葡萄牙、南非、马来西亚、法国等国展开的调查，每公斤盐里含有 1~10 个塑料微粒。

每年共有两千万吨垃圾就这样倾倒至海洋和湖泊，其中将近一半都是塑料制品。这些垃圾中，80% 来源于人类在陆地上的活动，20% 来源于海上活动。

海滩上的垃圾

马来西亚垃圾海滩上的垃圾污染和处理情况。该海滩上的塑料瓶可以收集起来，然后送入回收或废物管理设施。仅这个海滩上的垃圾就价值数千欧元

今天，大洋中鱼类与垃圾的比例为5：1，到2025年会变成3：1。如果垃圾的增速保持不变，那么2050年，大洋中的塑料就会比鱼还多。

海洋垃圾很容易清理？我们可真不该这么想。因为，漂浮在海面上的垃圾只占总量的15%，如在海洋涡旋作用下形成的、面积达340万平方千米（相当于法国本土面积的6倍）、总重量700万吨的“北大西洋垃圾岛”。其余的垃圾，也就是说绝大部分，都沉在海底。

海水表面的细菌和藻类在倾倒入海的硝酸盐和磷酸盐中获取了生长所需的养分。它们大量繁殖，导致溶于海水中的氧气逐渐减少。这些微生物、细菌及其他动植物会附着在海洋垃圾上随其远漂至其他海域。

对于海洋生物而言，所有这一切的后果是毁灭性的。首先，海上会形成“死亡区”（或称缺氧区），在那里，阳光无法穿透，于是阻碍了光合作用，减少了氧气产出。2017年，全球海域发现400处这样的“死亡区”，主要分布于南太平洋、波罗的海、纳米比亚沿海、孟加拉湾和墨西哥湾。

在夜间，浮游动物会浮到海面觅食。由于海上漂浮着塑料垃圾，它们在摄食的同时也会吞进塑料，而白天它们回到海底，于是，塑料也就随着它们的排泄物一同来到了大洋底部。

接下来，整个食物链都会受到影响：各种海洋生物都会

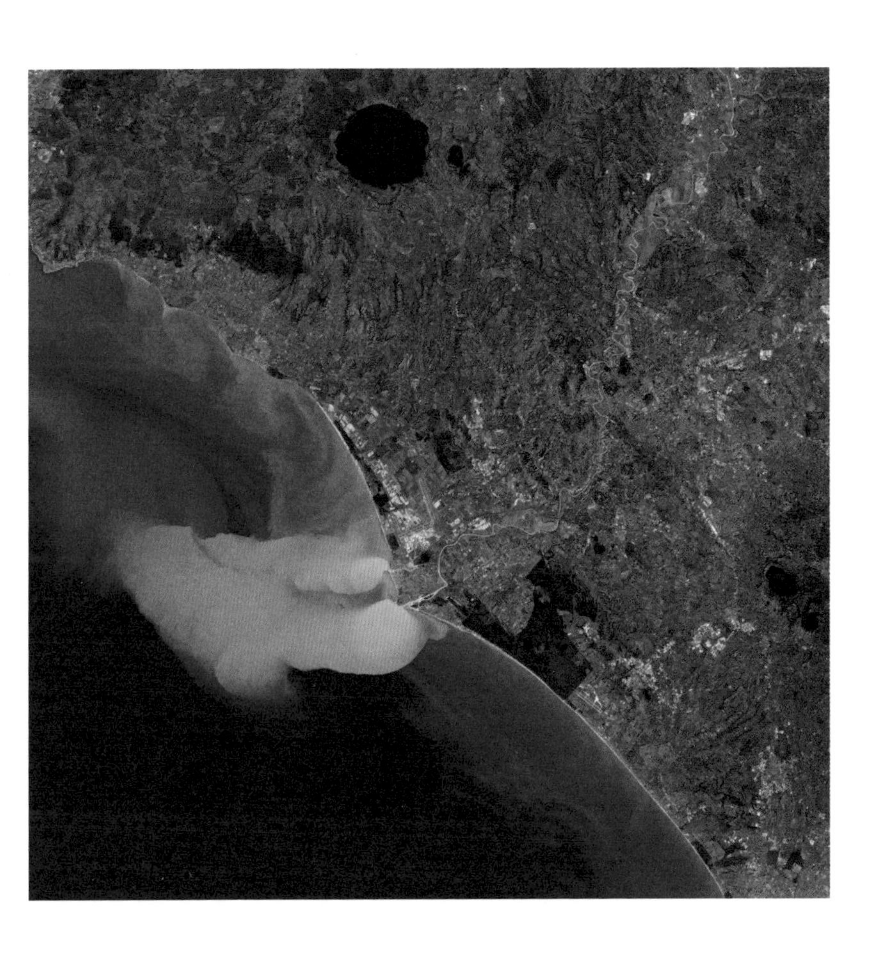

城市沉积物排入大海

2019年2月5日，哥白尼“哨兵-2B”卫星拍摄到的意大利罗马及拉齐奥周边地区图片。暴雨过后，大量降水将众多城市沉积物带入大海。滨海城市中人类活动的影响，不可避免会波及沿岸海域

吃到塑料垃圾，而大部分海洋生物会被捕捞上岸，最后成为餐桌上的美味进到人的肚子里。据统计，2016 年有 575 种体内含有塑料的海洋生物被人类食用，这一数字是 2005 年的两倍。在欧洲，人们食用的海产品中有 28% 的鱼类及三分之一的牡蛎和贻贝体内都含有塑料。也就是说，一个吃牡蛎和贻贝的欧洲人，平均每年会吞食 11 000 个细微塑料颗粒。

当然，进了肚的塑料颗粒 99% 都有很大可能排出体外而不会对人体造成危害，但每年还是会有 4 000 个细微碎屑在身体组织内堆积下来。

我们尚不知这些塑料碎屑堆积在体内会造成什么样的后果，但它们似乎会导致癌症，至少对于鱼类来说是这样。此外，还可能对许多其他海洋生物的生育能力和免疫系统造成损害。塑料碎屑对人体造成的直接危害尚不确定，但纳米塑料颗粒的危害已为人知晓，它们能穿透细胞，对人体有绝对的危害。

二氧化碳排放导致海水升温和酸化

我们在前文说到过，海洋能够吸收大气中一部分二氧化碳，同森林、土壤和泥炭层一同起着调节全球气候的作用。全球排放出的二氧化碳有 30% 由海洋吸收；人类活动导致全球气温升高，但 93% 的升温效应也都被海洋吸收了。另外，今天的海水中二氧化碳的含量是大气中的 50 倍。

人类每年向大气中排放320亿吨二氧化碳，一部分由海洋和树木吸收。于是，海水（和森林）中二氧化碳的浓度逐年递增直至达到极限。如今，海洋和树木能够吸收的二氧化碳占全球总排放量的比例越来越小，无法被海洋和树木吸收的就会留在大气中。从人类诞生直至18世纪，大气中二氧化碳的浓度始终保持在270ppm这一水平。随着排放量不断增多，如今浓度已超过400ppm，达到300万年以来的最高水平。

大气和海洋中二氧化碳浓度的增加导致两者温度均有所上升。大气温度自人类出现以来已经升高了10℃。如果没有海洋吸收二氧化碳，升高的就不只是10℃，而会是25℃了。世界三大洋表层海水（从海平面往下直至75米深处）温度在最近50年中平均每10年升高0.1℃，且仍在继续升高，尤其是北冰洋，它的升温速度是地球上其他海域的两倍，从现在起至2100年会升高7~11℃。

海水温度上升，会导致其吸收二氧化碳的能力减弱，使水中氧气浓度大幅下降，从而使海水酸化。自工业时代初期起，海水的pH值下降了0.1，也就是说酸度增加了四分之一。

升温导致海平面升高

随着温度的升高，冰层融化，水体增多，海平面上升。过去的北冰洋在冬季几乎全被浮冰层覆盖，而自20世纪60

年代起浮冰层便开始融化，且速度不断加快。2011—2014 年融化的浮冰数量比 2005—2010 年还要多出 31%。20 世纪 80 年代，北冰洋上覆盖的冰层面积达 600 万平方千米，2012 年就只有 320 万平方千米了。2003—2010 年，格陵兰岛上每年有 40 亿吨的冰层消失。2010 年后，消失的速度更快。

在南极，鉴于有真正的陆地，所以情况更稳定。不过方圆 5 000 平方千米的拉森 C 冰架在几年前就产生了裂缝，只是开裂的速度比较缓慢，但后来在 2016 年突然加快。2017 年 7 月，一块面积如同法国汝拉省一般大的冰层从拉森 C 冰架上脱离了出来。

人类有史以来，海平面总共上升了 200 米。自 1990 年至今上升的幅度为 2 厘米。太平洋西部热带海域和印度洋南部海域海平面上升的速度非常快，是全球平均速度的 3~4 倍。

未来，据不确切预测，2100 年全球海平面可能将平均升高 20~110 厘米，但这并不意味着所有海域都会有如此高的升幅，事实上，各海域的情况相距甚远：热带地区海平面应该会上升，而融化的冰川附近海平面会下降。海平面上升最多的会是印度洋东部和太平洋中部海域。北极夏季浮冰层可能在 2040 年就会全部消失。假如格陵兰岛上的冰雪融化，全球海平面将上升 10 米。如果南极及其周围的冰雪也融化，海平面还会再上升 50 米。倘若南极、北极和格陵兰岛上的冰雪全都融化，海平面会上升 70 米。

人口的迁移

海平面上升会导致沿海居民的生活质量下降：鱼类会变得越来越瘦小；热带沿海地区气候的变暖会使人类在疟疾和登革热等传染性疾病面前的抵抗力严重下降。

此外，随着海水变暖，洪水会来袭，沿海地带会受到侵蚀，热带风暴会变得更加频繁且破坏性更强，港口也会遭受严重损失。如此一来，海水会渗入三角洲和河口地带，摧毁湿地和红树林。在这些影响下，水产养殖业也不得不迁至别处。

2030 年，海水上涨问题将对 8 亿人构成威胁，到 2060 年，受波及的人数会增至 12 亿。遭受威胁最大的国家是菲律宾、印度尼西亚、加勒比海国家、印度、孟加拉国、越南、缅甸、泰国、日本、美国、埃及、巴西和荷兰。如今，雅加达有 51.3 万人深受海水上涨问题的影响，到 2050 年，波及面会扩大至 200 万人。孟加拉国 20% 的国土很可能会在 2050 年被海水淹没，成为受害最严重的国家之一。很快，仅其首都达卡一座城市，就会有超过 1 100 万人遭受可怕的洪涝之灾。2100 年，法国附近的海平面很可能会上升 40~75 厘米，所有地势较低的平原（如波尔多平原）都会被海水吞噬。荷兰、比利时和波罗的海国家也会面临同样的厄运。从现在起至 2050 年这几十年间，图瓦卢、马尔代夫、基里巴斯的面积会骤然缩小。全球 18 万座主要岛屿中，可能会有 1 万～2 万座被海水淹没，从此在地球上消失，重蹈亚特兰蒂斯的覆辙。

如今，这些国家沿海地区的人口密度越来越大，但居民们应该很快就会被迫移居别处。2008 年至 2014 年间，已有 1.846 亿人离开了自己的家园，其中 1.02 亿人因洪灾而迁居，5 390 万人为躲避风暴而远走他乡。联合国预计，2050 年，全球会有超过 2.5 亿“气候难民”。

更严重的是，气候变暖会使某些大陆地区的生存环境恶化，尤其是萨赫勒地区，现在那里还居住着 1.35 亿人。根据某些模型测量推断，北极气候的变化会导致北方降水频率和降水量减少，萨赫勒地区会遭受干旱之灾，撒哈拉沙漠会向南扩大。萨赫勒的可耕地面积将因此减少 100 多万平方千米，黍和高粱的产量也会大幅度减少。然而，如果出生率不变，到 2100 年，该地区的人口总数将达到 5.4 亿～6.7 亿。到那时，至少会有 3.6 亿人食不果腹，只能离开家乡寻求出路，而萨赫勒地区也会出现巨大的社会动荡。

据预计，萨赫勒至少会有 3.6 亿人因气候变化离开自己的国家，踏上前往欧洲之路……

新一轮物种大灭绝已降临

上述这些全球性的变化会给海洋生物带来惨重的后果。

首先，海上垃圾会摧毁众多海洋生物赖以生存的环境、降低其所摄食物的品质，它们的生命力会因此而变得脆弱。

其次，冰川的融化会加大海底与海面的温差，氧气到达海底的过程也会受到影响。海洋中的循环会变缓。富含营养物质的深海海水上升的速度会变慢，浮游植物获取营养的速度也随之变缓，于是，以往正常的循环就无法保证，且循环速度会越来越慢。其实，这样的情况已经发生了。根据美国国家航空航天局（NASA）2015 年所做的一项调查，浮游植物总数从 2010 年起就开始减少，主要发生在极地地区，尤其是北极。另一项于 2016 年所做的调查显示，印度洋西部的浮游植物数量自 2000 年起也开始下降。

浮游植物的减少会扰乱适合海洋物种更新的水域环境，这些水域主要分布在靠近两极的海域、热带海域和内陆海。浮游植物的减少还会使维系海洋生态系统的关键植物不断消失，如地中海的波西多尼亚海草，它们每天能为 1 平方米的水生植物丛提供大约 14 升氧气，而包括海胆和大型珍珠母在内的超过 1 200 种海洋生物以这些植物丛为食。

再次，气候变暖引起的海水酸化现象会导致水中碳酸钙（碳酸钙决定着海洋生物贝壳和骨骼的坚硬程度）减少，还会破坏移动能力最差物种（尤其是珊瑚）的生存环境。世界上最大最长的珊瑚礁群——澳大利亚的大堡礁，虽然自 1975 年以来一直受到一项国际协定的保护，但如今一半以上的珊瑚礁却因海水酸化而受到威胁。

大堡礁，面积 35 万平方千米，有 3 000 座暗礁及 900 个岛屿，在这里生存并繁衍着 400 种珊瑚、1 500 种鱼类（包括小丑鱼、140 种鲨鱼和鳐鱼、6 种海龟）、4 000 种软体动物及众多其他物种（如海牛科生物——儒艮），还有体型庞大的绿海龟。2016 年 4 月，由于温度的升高，大堡礁 93% 的珊瑚都出现白化现象。以这样的速度，在 2050 年之前大堡礁就会从地球上消失，原本栖息在这里的所有生物及依赖这一环境而生存的所有生命都将随之消失。

此外，在水下使用声波频率（11.5 千赫）实现潜艇间无线通信（尤其是北约设定的水下无线通信标准 JANUS）会给海洋生物带来何种影响，目前尚不明了。

迄今为止，还没有任何一种鱼类灭绝，但已有 15 种海洋生物消失。海洋物种的消失如今已成为事实：世界自然基金会的数据显示，1970—2012 年，海洋动物总数减少了一半；600 种鱼类和甲壳类动物中有 30% 濒临灭绝。与海洋生物相比，陆上生物的消失更易察觉。众所周知，大量陆上生物正迅速消亡：有 200 种脊椎动物在一个世纪中全部消失；32% 的被调查物种有濒临灭绝的危险。甚至猎豹、狮子、猴子这些与我们人类极其相近的动物，可能到 2050 年就再也不见身影了。

总而言之，由于气候变暖及人类活动造成的其他影响，前几次物种灭绝的背景又重新展现在人们的眼前。而这一背景重现的最终结果，可能就是90%的物种从此绝迹，尽管其中某些物种在地球上已经存活了两亿五千两百万年之久。

当人类灭绝时，海洋中的生命还会继续存在。而人类之所以会消失，是因为海洋受到了破坏，无法充分发挥其原本可以发挥的作用。

人类之后的海洋

如果人类就这样消失了，至少在海洋中还会有生命存在。幸存下来的生命会随着时间的推移衍生出其他的生命形式，就如同前几次物种灭绝后海里和陆上所发生的一切一样。人类可能无法目睹海洋在未来的变化过程：3 000万年前，在索马里和现在的沙特阿拉伯之间就形成了一片海水，这片海水以每100万年20千米左右的速度扩大；在遥远的未来可能会成为新的大洋。接下来，地球上所有的大陆可能会聚集至现在的北极。耶鲁大学的地质学家罗斯·米切尔（Ross Mitchell）预计，5 000万年后南北美洲会合并成一块陆地，一亿年后会与亚洲北部相接，而后，北冰洋便会消失。

然而，人类能亲历这一切的可能性却微乎其微。

12

拯救海洋

当你第二次在海上遇难时，不要怪罪于这片汪洋。

——普布里乌斯·西鲁斯，《格言集》

所谓大本大宗，是否就是海洋？倘若我们必须选择战争，且只能打一场仗，这场仗是否就是海洋之战？是的，很有可能。因为，如果我们关心现实的威胁和未来的前景，答案便是：一切都与海洋不无关系。

在危机四伏的战场上，关乎全球生死存亡的八大因素或多或少都取决于海洋和海洋所遭受的侵袭，而人类必须保证这些因素的变化不超过正常范围，方可幸免于难。这八大因素如下：

冰景（Ice scape）组织的成员正在工作，该组织的任务是调查北极气候条件变化对海洋生态环境的影响。北极冰雪融化而成的淡水会在冰层表面的凹陷处汇集，形成图中颜色深浅不一的水塘。图片来源为美国国家航空航天局（NASA）网站

1. 大气中二氧化碳的浓度。这一浓度取决于海洋吸收二氧化碳的限度。

2. 大气中臭氧的比例。这一比例取决于海水中的含氧量，并且是导致海水酸度变化的因素之一。

3. 海洋酸度。海水升温导致海洋酸度升高，海洋酸度对海洋生物的生存情况（尤其是对珊瑚的健康状况和鱼类骨骼的坚硬度）起决定性作用。

4. 海洋中（随农业垃圾和废水排入的）磷的比例。这一比例的升高是导致海水缺氧、藻类大量繁殖的因素之一。

5. 大气和土壤中氮的比例。农业和工业的生产情况决定了大气和土壤中氮的比例，而这一比例的升高会加速浮游生物的繁殖，浮游生物的增多会耗尽海生植物生存所必需的一部分氧气。

6. 可饮用水的量。完全由海洋的平衡和水循环情况决定。

7. 可耕地面积。主要与城市化进程、可使用的淡水资源量、气候和海平面升高有关。

8. 生物多样性的维护情况。海洋是一个最基本的综合体，生物多样性非常丰富，但也非常脆弱。如今，海洋的生物多样性正受到来自渔业活动和海洋垃圾的严重威胁。

由此可见，以上所有因素或多或少都与人类在海上的活动有关。其中三个因素（大气中二氧化碳的浓度、氮的比例和生物多样性的维护情况）的现状就几乎能将人类逼至无法生存的危险境地。

相反，海洋给人们带来的希望与其面临的危机一样多：

1. 海洋能为人类呼吸、饮水、进食和开展贸易提供所需的一切。

2. 海洋中还蕴藏着各种矿物资源和能源资源，且基本处于未开发状态。

3. 海洋有着约为 24 万亿美元的巨大经济价值，且每年能生产价值约 2.5 万亿美元的商品和服务，相当于全球第七大经济体的年生产总值。

4. 在未来几十年甚至几百年的时间里，海洋依然会是实物商品运输和数据信息传输的主要必经之地。

5. 海洋亦是技术革新和产品创新的诞生之地，这些创新能为人类带来美好的前景，尤其是在健康和食品领域。

6. 最后，海洋是一处理想之地，在这里我们能够自由生活，欣赏并探索大自然的丰富资源，真正明白我们究竟是谁。

因此，可以说我们未来最主要的一部分财富都要通过海洋实现。而同时，我们也可能会因为海洋而死去。

所以，我们必须保护好海洋。为此，需要在各个层面上行动起来。

首先，以我们个人的身份，低调地尽好我们作为消费者、劳动者和公民应尽之义务；然后，开展各个层面的集体行动，小至公司企业，大至国家民族，都要动员起来。因为，海洋最能证明我们亟须将偌大的世界视作一个小小的地球村，并使其成为全人类和全部生物世代享用的共同财产。海洋也最能推动人类对自身的生产、消费、生活及组织方式进行深刻反思。

只有这样我们才能变得积极，也就是用毕生精力服务于后世子孙。当然，这也是我们在当下能够确保自身过上最好生活的最佳途径。

保护海洋，人人都可以贡献力量

在我们的个人追求得到保证的前期下，每个人或许都应当在日常生活中时时刻刻对自身的行为进行反思，想一想我们的做法会不会给海洋带来什么长远影响，也想一想我们的举动会给孩子们传递些什么。即便是居住得离海很远的人，也应当有这样的思考。我想，这本书已经很清楚地向我们揭示出这样一个道理，那就是数十亿人的数十亿个举动所形成的集体效应，可以将海洋生生摧毁，而我们人类也会先于海洋走上灭亡之路。因此，在海洋问题上，我们需要发扬利他主义精神。我们要善待海洋，这样做也是为了海洋能够善待我们。海洋与我们子孙后代的利益息息相关，海洋对于他们来说就是一份珍贵的遗产。

诚然，最富有和最强大的人应当比其他人负起更多的责任，因为他们拥有更多的行动自由。但我们所有人都应当尽可能考虑到日常生活中的每一个举动给海洋带来的影响。为此，我们提出以下倡议：

1. 尽量选取纸质或玻璃包装的制品。避免使用塑料制成的购物袋、饮料瓶、茶杯、刀叉和吸管。还要避免购买使用再生塑料制成的服装，因为第一次洗涤时，衣料中的细微塑料颗粒会流入下水道。此外，避免使用所含成分对自然有害的产品。

2. 做更加睿智的消费者，以减少各种垃圾为己任。与他人分享所有可以减少垃圾的可行办法，从改变出行方式开始。

3. 通过给自家房屋增加隔温层、节约用水、节约用电，以及尽可能多地使用公共交通工具出行等方式，减少可产生二氧化碳的所有消费项目。务必使用可回收产品。

4. 少吃鱼，只吃当季的鱼；如果可以的话，所有濒危鱼类（包括鲷鱼、鲂鮄、江鳕、大西洋狼鱼、马鲛鱼、牙鳕、尼罗河鲈鱼、鳐鱼、鲨鱼、红鲻鱼、平鲉、鲶鱼、地中海鳎鱼、红金枪鱼和黄鳍金枪鱼、鳟鱼、剑鱼、大西洋胸棘鲷、软口鱼、黑等鳍叉尾带鱼、鳗鱼、大西洋东北及西部海域的鳕鱼、野生粉红虾）都不吃，尤其是不吃位于食物链顶端的金枪鱼。选择吃太平洋鳕鱼、褐虾、蜘蛛蟹、大西洋鲱鱼、青鳕鱼、沙丁鱼、鳀鱼、黑斯廷斯鳎鱼、多宝鱼。一般而言，一种海洋生物越靠近食物链底端，其体内积累的毒素就越少。在 www.mrgoodfish.com 和 www.consoglobe.com 等网站上可以查阅到最新的相关建议。

5. 减少肉类消费量，因为在肉类产品生产过程中会消耗大量的淡水资源并释放出二氧化碳和甲烷。

6. 食用当地、当季、化肥用量最小的蔬菜水果。

7. 不经常向家庭宠物喂食鱼类产品。不把猫粪倒进马桶。不把海鱼放进鱼缸，也不把他们重新扔回大海。

8. 在度假时，注意不要在海滩或船上乱丢垃圾；选择不会对环境造成污染的防晒霜；潜水时，请勿捕捞珊瑚。

9. 通过各种途径，在家人和更广大的群体中（各种协会和政党组织）进行宣传，争取让以上倡议能够得到民众的充分重视。

保护海洋，媒体也有应尽之责

媒体当然应当把受众放在首位，这毕竟是决定它们生死存亡的第一要素。在这样的前提下，媒体还应当找到一种适当的方式让受众更关心人类的长远利益，成为我所说的“正面媒体”。所谓“正面媒体”，并非只报道好消息，而是能够在关乎人类长远利益的关键问题上给受众以警醒，让受众知晓关乎后世子孙利益的相关新闻。

如前文所述，以海洋为主题、给世人以警醒的电影和书籍已有很多。但在这一方面，我们还有更多的事需要做。

一些大获成功的电视节目可以为我们树立榜样：英国广播公司（BBC）2001年推出的由大卫·爱登堡主持的纪录片《蓝色星球》（*The Blue Planet*）引起强烈反响；随后，该台又推出八集纪录片《向深海出发》（*Ocean*），内容涉及本书探讨的所有话题。在法国，有1975年开播的乔治·贝尔努的原创专题节目《达拉沙》[1]。该节目起初每月播出一集，自1980年起播放频率升至每周一集，每集主题都与海洋有关。此外，国家地理频道和澳大利亚海洋生命频道（Australia Sea Life）等其他频道所播出的节目中，与海洋有关的主题也是应有尽有、丰富多样。最后，还有库斯托船长拍摄的纪录片，这些珍贵的影像资料在全球各大电视台播放，有多达数千万人观看。但这些节目数量依然不够，我们还可以做更多的尝试。

与此同时，其他形式的警示性活动也应当开展。我们似乎应当让更多的人了解“世界海洋日”，这是联合国为促进达成其第14项发展目标（这一目标针对海洋，其内容是“保

[1] 达拉沙（Thalassa）是希腊语，指“海洋”。——译者注

护和可持续利用海洋及海洋资源以促进可持续发展”）而举办的一年一度的活动。2017 年 6 月，联合国召开致力于落实这项发展目标的大会，影响甚小，收效甚微，尤其是会上并无任何具体决策出台，因而更是无人关注。

此外，一些非政府组织和民间委员会也发挥着重要的作用。在皮尤慈善信托基金会资助下成立的一个民间非政府组织——全球海洋委员会，由哥斯达黎加前总统何塞·玛丽亚·菲格雷斯和英国前外交大臣大卫·米利班德担任联席主席。这一委员会在海洋问题上提出了宝贵的具体建议，为保护全球海洋做出了突出贡献。环保主义者保罗·沃森（Paul Watson）创办的反捕鲸组织——海洋守护者协会，与绿色和平组织、库斯托基金会、世界自然基金会和公益组织“为海洋减负”（Parley for the Oceans）一样，也为保护海洋做出积极努力。

保护海洋，企业亦可有所作为

企业不仅要考虑经济收益，同时也要考虑到自身活动给社会和环境带来的影响。下文所述均以这样的考量为前提。有些企业与海洋有着直接的联系，而另一些企业自身活动与海洋并无直接联系，便因此错误地认为它们造成的影响很难触及海洋。但无论是前者还是后者，所有的企业都应当重视海洋得以存续的必要条件，为保护海洋做出贡献。且各企业应立即行动起来，而不是被动地等待相关法律规定或激励性补助政策的出台。

1. 造船厂应在制造船舶的同时不破坏海洋环境。集装箱制造商也需要有同样的考量。

2. 航运公司选购船舶时，应当只选择节能环保型船舶，且须保证船体涂刷的油漆不会对海洋造成污染。同时，所有船组人员和航运管理人员保护海洋的意识也应提高。此外，船员的生活条件须得到明显改善。如果船员们能得到应有的待遇，那么出海作业的成本就会大大提高，而最终，人类对海洋的开发也会随之巨幅减少。为了达成这一目标，尤其需要在G20所有成员国的所有海港禁止悬挂方便旗的船只入内。

3. 港口应开发数字化管理技术，建设能够节约能源并可让节能型船只优先过港的数字化管理系统。

4. 食品加工企业在使用海产品时需保持谨慎态度。在欧洲，有48家企业已在名为“金枪鱼2020”的倡议下行动起来，这一倡议的目标是在2020年实现金枪鱼供应链全程可追溯。这48家企业共同承诺，禁止非法捕捞的海产品进入其供应链，并保证所使用的海产品全部来自对生态环境负责的渔业活动。

5. 所有企业都应始终秉持环保理念，在设计产品的过程中充分考虑到产品废旧后成为垃圾时是否符合回收标准。这样可以减少生产和包装过程中塑料的使用，也是减少塑料污染的主要途径。2015年，阿迪达斯与公益组织“为海洋减负”签署合作协议，承诺在其鞋类、服装的生产过程及包装过程中减少原生塑料的使用。然而，有些表面言辞还是不能够盲信，如有些企业声称其产品全部由回收材料制作而成，可实际上，其所用回收材料在生产过程中的使用量只占5%。此外，玻璃和混凝土也应循环使用。

6. 启动一些可以回收塑料垃圾且能实现盈利的项目。荷兰一家名为“塑料鲸鱼”（Plastic Whale）的企业以盈利为目标，专门回收阿姆斯特丹运河中的塑料瓶，将其用于制作船只。另一位荷兰人博扬·斯莱特根据自己的创意推出“海洋清理”（Ocean Cleanup）系统。该系统是一个漂浮的U型围栏，如同两只张开的臂膀浮在水面，水下有锚加以固定。垃圾进入围栏后，就像落入了陷阱，被收集起来，而后便可以运回陆地完成回收工作。此外，两位热爱冲浪的澳大利亚人还设计出了“海上垃圾桶”（Seabin）。这是一种特殊的垃圾桶，由天然纤维制成，上套浮圈，下接电水泵，凭借水泵的吸力在海中持续制造水流，自动吸入垃圾。其他的海上垃圾清理项目就是靠人驾驶船只四处收集垃圾。

7. 制造淡水。这对于企业来说，又是一个巨大的市场。如今，全球海水淡化工厂已达12 000家。在以色列，55%的淡水都是通过海水淡化得到的，86% 的废水经过处理重新进入循环，其中一部分用于浇灌农田。到 2030 年，海水淡化的成本与今天相比还会再减少三分之二（2016 年的成本已经降至 1990 年的三分之一）。现有的海水淡化技术主要有两种：蒸馏和反渗透。二者都具备非常好的发展前景，且今后会利用太阳能实现技术升级。未来，卓有成效的技术创新将会层出不穷，海水淡化技术也会因此而不断提高。LG 水处理公司（LG Water Solution）根据薄膜纳米复合技术研制出可以淡化海水的反渗透膜，与传统的过滤系统相比，成本减少了 30%。美国得克萨斯大学和德国马尔堡大学与一家名为大洋科技（Okeanos Technologies）的美国公司合作，共同研发出了一种可以优化海水淡化工艺的电子芯片。

8. 企业在利用海水淡化工艺生产可饮用水满足巨大市场需求的同时，也应推进污水处理和农业节水滴灌工程的建设，这两方面的建设和市场形成是前者的有益补充。如今，波斯湾、马格里布和中东地区有 7 亿公顷土地面临全球最严重的缺水问题。污水处理技术和节水滴灌农业的发展将会为这些地方的数千万农民带来一线生机。

9. 发展高效且生态环保的水产养殖业。如阿布扎比酋长国就利用海水发展养殖业，海水养殖的废水中富含多种有机营养物质，于是人们便用这富含营养的水来浇灌植物（尤其是可以用于制造生物燃料的盐角草）和灌溉农田。

利用回收的塑料品制成的艺术品

总部位于布鲁克林的建筑设计公司STUDIOKCA的设计师使用5吨从海洋中收集的塑料品，制成四层高的鲸鱼形大楼，并作为2018年布鲁日三年展的参展作品，被安置在布鲁日运河中

10. 开发海洋新技术。无论是对于生物科技还是海洋能源或海下农业而言，海洋都是一个能够开发出新产品的巨大宝库。例如，地中海的波西多尼亚海草就可以将碳储存在其厚度超过 15 米的复杂根系中，而我们或许可以对其进行工业开发，并由此解决碳截存技术目前所面临的部分难题。

11. 更有效地控制化学药剂在农业中的使用，全面禁止使用所有已确认会给人类健康带来危害的产品。

12. 推动技术创新，积极寻找海砂的替代品来制造水泥、混凝土和玻璃，减少对大洋底部砂石的采掘；不过奇怪的是，对于人类未来发展而言如此必要又如此有钱可赚的建筑市场上，还没有任何一家企业执着于开发替代产品。

13. 我们可以想象，今后还会出现更具革命性的技术进步。据科学家估计，地幔和硅酸盐矿物中的含水量至少是海洋水量的两倍。

保护海洋，政府应行之事

每一个民族都应为后世子孙的利益着想，采取一种积极的生存方式，尤其需要积极切实地保护海洋。但事实上却很少有哪国政府明确设立一个专门负责海洋事务的部长职位。或许是因为这样一个部长其实是集多个部长（国防部、内务部、外交部、环境部、教育部、交通部和农业部部长）的传统职能于一身、管理范围横跨多个领域的关键性人物。然而，在这诸多考量的基础上形成一个全方位的整体政策，制定出一个符合国家历史和自身地理状况的海洋战略，却着实是每个国家的根本大事。以下是一些相关重点工作：

1. 重视港口的发展。如前文所述，强大的海上实力能使国家更加繁荣昌盛。因此，对于一个国家而言，极为重要的是优先发展港口的基础设施建设和将港口与内陆地区相接的公路、水路和铁路沿线的基础设施建设。而这些交通线路的背后又隐藏着一个规模庞大的工程，对于法国而言尤为如此。

2. 对所有河流三角洲地区进行垃圾过滤（主要针对塑料污染），以防止河流污染扩大至海洋。

3. 为海事企业的发展提供全方位的帮助。

4. 规定渔业捕捞限额；逐步取消对公海上工业化捕鱼活动的补助，同时为失业渔民提供补贴。许多与海洋有关的其他行业或一些报酬极高的海上工作都可以推荐给这些失业渔民。在加拿大，圣劳伦斯河入海口捕鳕鱼的渔民在领取补贴后就再也没有出海捕鱼了。可见，这样的措施还是很有成效的。正是因为政府规定了限额、加强了管控，某些鱼类，如大比目鱼、黑线鳕、黄盖鲽、南非外海的无须鳕、南非的鳀鱼、安哥拉外海的沙丁鱼，才恢复了原本的鱼群数量。

5. 确保对商船向海中倾倒垃圾行为起制约作用的现行法

律法规的执行，尤其是《防止船舶造成污染国际公约》。借助新科技、通信卫星、大范围的视频监视系统以及在港口和沿海地区安置的物体形状辨认器，加强对海岸的监视。

6. 建立自然保护区，保护重要的自然生态系统。在这一方面，许多国家都起了表率作用。如意大利在亚得里亚海中央建起了包括海域和沿岸地区在内的托雷·古吉托保护区。还有两处海陆生态保护区分别位于菲律宾和莫桑比克（奎林巴斯国家公园）。

7. 在邻国间或有共同目标的国家间提出联合倡议。2009年，印度尼西亚、马来西亚、巴布亚新几内亚、菲律宾、所罗门群岛和东帝汶联合发起了“珊瑚礁三角区倡议”（Coral Triangle Initiative），旨在保护与这些国家为邻的珊瑚礁三角区，那里有着全世界生物多样性最丰富的海洋环境；与此同时，它们还承诺共同对抗非法捕鱼活动。同样，2015年，毛里塔尼亚和塞舌尔联合提出“鱼品透明度倡议”（Fisheries Transparency Initiative），旨在使渔业活动担负起保护海洋的责任并与非法捕鱼和过度捕捞做斗争。此外，加蓬也于2018年在其国海域范围内启建由9个海洋自然公园和11个水生保护区组成的非洲第一大海洋保护区。

8. 减少塑料垃圾的生成。为此，有必要出台一项税收政策加强管控。某些具体倡议已初见成效：爱尔兰在2002年提出了将塑料袋价格提升50%的决议；2017年，该国工商业中塑料袋的使用量比决议生效前减少了 91%。此外，政府还可出台许多其他措施：在有替代品可用的情况下禁止使用塑料，尤其需要禁止使用塑料微粒，禁止给船舶涂刷塑胶漆；减少一次性包装制品的使用；明确特定化合物的定义，如聚合物；对于含有塑料成分的产品，要求优化设计，以方便将来回收。

9. 对再生产品在工业领域的使用情况进行管控，逐步优化回收再生工作，如对塑料纺织纤维的使用加以管控。（因为用这种材料制成的衣物在洗涤时，其中所含的塑料微纤维会落入水中，从而加快塑料进入食物链的速度。）

保护海洋，国际社会亦肩负重任

继 1982 年蒙特哥湾联合国海洋会议之后，就再也没有召开过任何卓有成效的海洋主题国际峰会。无论是 G7 峰会、G20 峰会，还是联合国大会，都没有用足够的时间来讨论这一问题。然而，纵使全球民众的个人意愿再强烈，企业和政府的决策再有力，如果没有国际层面的法治力量，便无法有效地营造出一个为保护海洋做积极贡献的国际环境。也就是说，只有国际法规的出台，才能在全球层面上将所有行动者的积极性充分调动起来。

然而，这一“无为”的局面并非无缘无故的偶然情况。因为，那些从公海捕鱼活动中获益最多和最能享受在公海上倾倒各种垃圾之便利的国家，总是能有效地阻止过于严格的规定出台。

一场真正意义上的海洋国际峰会，或至少是一场 G20 特别会议，应当以《联合国千年发展目标》为蓝本，制定出一项海洋可持续发展计划。其议程可以是这样的：

1. 确保《巴黎气候协定》目标的达成（尽管美国于 2017 年 4 月决定退出，使这项国际协定在执行过程中遭受重创）。

2. 在《巴黎气候协定》中补充一些更加严格的措施来限制碳排放。尤其是可以在 2020 年将碳税税率标准提升至 40 美元 / 吨，2030 年升至 100 美元 / 吨，或许这样的标准才能让国家和企业的行为实现真正的转变，同时推动它们在生物科技方面加大投资力度，加快能源转型的步伐。

3. 广泛采取税收措施，激励企业为保护海洋做出积极行动；对于会给海洋造成危害的活动，应减小补助力度。

4. 更新关于海洋的有关知识，尤其是在儿童教育方面；开展关于海洋的科学研究，围绕海洋管理搭建平台，共享管理良策。

5. 对全世界所有船只提出强制规定，不再使用劣质燃料。给船身加刷涂层，使船在水中穿行时的阻力减少 30%。如有可能，起用滑翔伞拖拽船只，可节约 20% 的燃料。在江河湖海中，尽可能多地使用水翼船。

6. 承诺在2030年前至少完成全球三分之一沿海地区生物多样性的保护和管理工作。推出适宜沿海地区的土地和房产相关立法。

7. 禁止食用濒危鱼类（濒危鱼类详细清单参见前文）。

8. 提高海产品的可追溯性，以限制出售非法捕捞的海产。

9. 加大抵制非法捕捞的力度，借鉴欧盟模式（欧盟规定只有经船只所悬挂国旗的归属国或相关出口国鉴定为合法的海产品才可以出口到欧盟）。

10. 在全球范围内禁止于海平面800米以下深度进行捕捞作业，限制政府为公海捕鱼活动提供补助，并争取在5年内全面取消补助。

11. 禁止西方国家船只进入几内亚湾渔业区。

12. 新建更多的海洋保护区（海洋保护区最先于1992年开始创建，1995年全球共有1 300个海洋保护区，2014年总数达6 500个，其中395个在法属海域。也就是说，今天全球1.6%的海域都禁止渔业捕捞，不允许进行任何形式的开发，包括采矿和旅游）。1992年，联合国环境与发展大会在里约热内卢举行，会上签署了《生物多样性公约》，2010年各缔约方又在此基础上提出了“爱知目标”，即《联合国生物多样性2020目标》，规定全世界20%的水域都应纳入自然保护区范围，即为今天保护区总面积的15倍。2016年9月，世界自然保护大会在夏威夷召开，会议期间，世界自然保护联盟决定将“爱知目标”中规定的20%这一比例增加到30%。事实上，假如全世界有10%的海域能够得到切实保护，全球渔业资源就能重建，许多海洋物种就可免受灭绝的危险，海水酸化现象会得到控制，海岸会受到更好的保护，免遭潮水和风暴的侵袭，那些因全球变暖和水污染而深受威胁的海洋物种也就从此可以幸免于难了。

13. 实现目前渔业规定模式的翻转。应大范围禁止所有渔业捕捞活动，仅明确划出少数可捕捞区域；而非大范围允许渔业捕捞，仅少数区域实施禁令。

14. 提升海洋经济所能创造的价值，并使其在国内财政和国际财务账目中清楚地体现出来。

15. 减少向海洋中倾倒塑料垃圾行为的发生率。事实上，已有许多这样的国际决议出台，但最终都流于形式，毫无实际成效。如欧盟曾于2000年和2008年颁布了两项相关指令。2015年，欧盟委员会通过了一项循环经济战略。同年，G7首脑峰会投票通过一项决议，旨在推动成员国更好地进行垃圾管理。2016年5月，联合国环境大会在内罗毕召开，会上也通过一项决议，意在使各成员国为减少全球海洋塑料垃圾一致行动起来。这些指令和决议不该再是一纸空文。

16. 减少海洋利用率。未来，随着3D技术的使用，人类在海面上的活动会减少，但海底的利用率可能会大大增加，因为大量数据都需经由海底电缆传输。如前文所述，未来全球海上运输线路的改变，会使一部分原本行驶在太平洋、地中海和大西洋上的船只转而汇集至极地地区。最后，一条新的“陆上丝路”的开通可能还会使海上交通继续减少，有一天终会被连接中国东部和伦敦的铁路取代，或至少偶尔会被其取代。

17. 为海底电缆归全球人民共同所有这一终极目标而努力。

建立一个真正拥有实权的世界级海洋组织

最后，为了使我们保护海洋的决心真正化为行动，或许应当建立一个世界海洋组织。而为了使这一组织能够发挥卓有成效的作用，它必须有办法合理地管控渔业的发展、防止非法捕捞、清除塑料垃圾；必须有能力支持贫国为保护其海域所提出的倡议、维护海洋保护区的生态环境、保护在未来成为全人类共同财产的海底电缆。为此，它必须：

1. 有一项以保护海洋为目的而筹措的国际基金作为支撑。该基金由各成员国政府提供担保，资金将来源于债券计划（以拯救海洋为目的而发行的“蓝色债券”）和团结税（征收对象为渔业工作者、游轮乘客、海路货运公司、海底电缆所传输的网络数据的使用者）。

2. 拥有一支以保护海洋为己任的国际武装力量。这支武装力量将负责保护海岸、专属经济区、海洋保护区及公海，与非法捕捞、向海洋倾倒垃圾、排放压舱水或被碳氢燃料污染的废水、海盗活动、人口贩卖活动和恐怖袭击等不法行为做斗争。资金来源同样可以是上文中的团结税。在资金到位之前，借用各国海军力量，不失为一种行之有效的办法，正如欧盟海军部队在波斯湾的反海盗“亚特兰大行动”中就非常成功地齐集了多国力量。

3. 可以在未来的某一天出台一项绝对有效、能彻底解决问题的措施，那就是：如果有国家做不到上文提到的种种应尽之事，那么该国专属经济区内的所有开发活动都将被禁止。

在此，我能够意识到这一切既如乌托邦那般虚无缥缈又是何等的必要，就像许多能够决定未来的因素一样。这些因素只有在我们每个人都将自己视作今日世界中代表未来子孙利益的大使这一前提下，才能助我们实现梦想中的未来。鉴于后人尚不能发表意见，所以我们要做的，就是代表他们的利益，成为一名积极热心、充满激情、为后人说话、为后人行事的大使。

结语

我希望这本书能让读者饶有兴趣地从另一个角度看待海洋，从而更好地了解它。希望我们不再以消费者的态度面对海洋，也不再做轻率鲁莽、不计后果的掠夺者，而是做一个合作者，一个注重互相尊重、互相吸引的合作者，带着惊喜的赞叹，以摆渡人毕恭毕敬的态度，服务于后世子孙。

愿人们能够承认这样一个事实，那就是：每个人的未来取决于他能否捍卫受海洋启发而来的价值观，即奋勇直前、敢为人先、勤于圆梦、深知生命短暂而好奇心不减、永远向世界敞开怀抱、永远团结博爱。倘若没有这些精神的指引，海洋和陆地上就都不会有人类生命的存在。

愿人们能意识到，国家的未来属于那些懂得将真正意义上的海洋及沿岸发展战略落到实处的人。落实这样的发展战略，不是为了继续对海洋进行掠夺，而是为了彰显其价值并保护这令人惊叹到不可思议的宝库，使子孙后代都受益无穷。

最后，愿人们能意识到，人类的未来取决于我们是否能够秉承谦虚谨慎的态度，共同有效地管理海洋中稀有珍贵的资源。在这些资源面前，我们是辛勤的园丁，但也只是匆匆过客。而地球也只不过是行驶于茫茫宇宙之洋上那万千船舶中的一叶扁舟。

致谢

数年积累下来的众多访谈记录对本书的写作贡献良多。主要的受访者名录列于本书引言部分。此外，贝拉·本·阿马拉（Belal Ben Amara）、昆廷·博伊隆（Quentin Boiron）、弗洛里安·道迪（Florian Dautil）、克莱蒙·洛米（Clément Lamy）、马吕斯·马丁（Marius Martin）、劳琳·莫罗（Laurine Moreau）也在核实年份日期和编写参考文献方面给了我许多宝贵的建议和帮助。法雅出版社的黛安·费耶尔（Diane Feyel）、托马斯·冯德舍（Thomas Vonderscher）和其他校对者在校对过程中认真地采纳了我的修改意见。大卫·斯特莱潘（David Strepenne）负责图书的营销工作。玛丽·拉菲特（Marie Lafitte）负责出版工作。索菲·德·克洛赛（Sophie de Closets）同以往一样，从本书写作之初就一直积极跟进成书的全过程，并提出了极为中肯的意见和建议。当然，该书出版后的最终责任只由我一人承担。

我的邮箱是 j@attali.com，欢迎读者来信交流。

参考书目

出版著作

1. Alomar (Bruno) *et alii*, *Grandes questions européennes*, Armand Colin, 2013.
2. Asselain (Jean-Charles), *Histoire économique de la France du* XVIIIe *siècle à nos jours*, vol. 1, *De l'Ancien Régime à la Première Guerre mondiale*, Seuil, 1984.
3. –, *Histoire économique de la France*, vol. 2, *De 1919 à nos jours*, Points, 2011.
4. Attali (Jacques), *L'Ordre cannibale*, Fayard, 1979.
5. –, *Histoires du temps*, Fayard, 1982.
6. –, *1492*, Fayard, 1991.
7. –, *Chemins de sagesse*, Fayard, 1996.
8. –, *Les Juifs, le monde et l'argent. Histoire économique du peuple juif*, Fayard, 2002.
9. –, *Une brève histoire de l'avenir*, Fayard, 2006.
10. –, *L'Homme nomade*, Fayard, 2003 ; LGF, 2009.
11. –, *Dictionnaire amoureux du judaïsme*, Plon-Fayard, 2009.

12. –, *Histoire de la modernité*, Robert Laffont, 2010.
13. – (dir.), *Paris et la mer. La Seine est capitale*, Fayard, 2010.
14. –, avec Salfati (Pierre-Henry), *Le Destin de l'Occident. Athènes, Jérusalem*, Fayard, 2016.
15. –, *Vivement après-demain !*, Fayard, 2016 ; Pluriel, 2017.
16. Banville (Marc de), *Le Canal de Panama. Un siècle d'histoires*, Glénat, 2014.
17. Baudelaire (Charles), *Les Fleurs du mal*, Larousse, 2011.
18. Beltran (Alain), Carré (Patrice), *La Vie électrique. Histoire et imaginaire (XVIIIe-XXIe siècle)*, Belin, 2016.
19. Besson (André), *La Fabuleuse Histoire du sel*, Éditions Cabédita, 1998.
20. Boccace (Jean), *Le Décaméron*, LGF, 1994.
21. Boulanger (Philippe), *Géographie militaire et géostratégie. Enjeux et crises du monde contemporain*, Armand Colin, 2015.
22. Boxer (C.R.), *The Portuguese Seaborne Empire, 1415-1825*, Hutchinson, 1969.
23. Braudel (Fernand), *La Méditerranée*, Armand Colin, 1949.
24. –, *Civilisation matérielle, économie et capitalisme*, 3 t., Armand Colin, 1979.
25. Buchet (Christian), De Souza (Philip), Arnaud (Pascal), *La Mer dans l'Histoire. L'Antiquité*, The Boydell Press, 2017.
26. –, Balard (Michel), *La Mer dans l'Histoire. Le Moyen Âge*, The Boydell Press, 2017.
27. –, Le Bouëdec (Gérard), *La Mer dans l'Histoire. La Période moderne*, The Boydell Press, 2017.
28. –, Rodger (N.A.M.), *La Mer dans l'Histoire. La Période contemporaine*, The Boydell Press, 2017.
29. Buffotot (Patrice), *La Seconde Guerre mondiale*, Armand Colin, 2014.
30. Casson (Lionel), *Les Marins de l'Antiquité. Explorateurs et combattants sur la Méditerranée d'autrefois*, Hachette, 1961.
31. Conrad (Joseph), *Nouvelles complètes*, Gallimard, 2003.
32. Corvisier (Jean-Nicolas), *Guerre et Société dans les mondes*

grecs (490-322 av. J.-C.), Armand Colin, 1999.
33. Cotterell (Arthur), *Encyclopedia of World Mythology*, Parragon, 2000.
34. Couderc (Arthur), *Histoire de l'astronomie*, PUF, 1960.
35. Courmont (Barthélemy), *Géopolitique du Japon*, Artège, 2010.
36. Cousteau (Jacques-Yves), *Le Monde des océans*, Robert Laffont, 1980.
37. Coutansais (Cyrille), *Géopolitique des océans. L'Eldorado maritime*, Ellipses, 2012.
38. Croix (Robert de La), *Histoire de la piraterie*, Ancre de marine, 2014.
39. Defoe (Daniel), *Robinson Crusoé*, LGF, 2003.
40. Duhoux (Jonathan), *La Peste noire et ses ravages. L'Europe décimée au XIVe siècle*, 50 Minutes, 2015.
41. Dumont (Delphine), *La Bataille de Marathon. Le conflit mythique qui a mis fin à la première guerre médique*, 50 Minutes, 2013.
42. Durand (Rodolphe), Vergne (Jean-Philippe), *L'Organisation pirate. Essai sur l'évolution du capitalisme*, Le Bord de l'eau, 2010.
43. Dutarte (Philippe), *Les Instruments de l'astronomie ancienne. De l'Antiquité à la Renaissance*, Vuibert, 2006.
44. Dwyer (Philip), *Citizen Emperor : Napoleon in Power (1799-1815)*, Bloomsbury, 2013.
45. Encrenaz (Thérèse), *À la recherche de l'eau dans l'Univers*, Belin, 2004.
46. Fairbank (John), Goldman (Merle), *Histoire de la Chine. Des origines à nos jours*, Tallandier, 2016.
47. Favier (Jean), *Les Grandes Découvertes. D'Alexandre à Magellan*, Fayard, 1991 ; Pluriel, 2010.
48. Fenimore Cooper (James), *Le Pilote*, G. Barba, 1877.
49. Fouchard (Gérard) *et alii*, *Du Morse à l'Internet. 150 ans de télécommunications par câbles sous-marins*, AACSM, 2006.
50. Galgani (François), Poitou (Isabelle), Colasse (Laurent), *Une mer propre, mission impossible ? 70 clés pour comprendre les déchets en mer*, Quae, 2013.
51. Gernet (Jacques), *Le Monde chinois*, vol. 1, *De l'âge de Bronze*

au Moyen Âge (2100 av. J.-C. – Xe siècle av. J.-C.), Pocket, 2006.
52. Giblin (Béatrice), *Les Conflits dans le monde. Approche géopolitique*, Armand Colin, 2011.
53. Giraudeau (Bernard), *Les Hommes à terre*, Métailié, 2004.
54. Grosser (Pierre), *Les Temps de la Guerre froide. Réflexions sur l'histoire de la Guerre froide et sur les causes de sa fin*, Complexe, 1995.
55. Haddad (Leïla), Duprat (Guillaume), *Mondes. Mythes et images de l'univers*, Seuil, 2016.
56. Hérodote et Thucydide, *Œuvres complètes*, traduction de Barguet (André) et Roussel (Denis), Gallimard, 1973.
57. Heller-Roazen (Daniel), *L'Ennemi de tous. Le pirate contre les nations*, Seuil, 2010.
58. Hemingway (Ernest), *Le Vieil Homme et la mer*, Gallimard, 2017.
59. Hislop (Alexandre), *Les Deux Babylones*, Fischbacher, 2000.
60. Homère, *Odyssée*, traduction de Bérard (Victor), LGF, 1974.
61. Hugo (Victor), *Les Travailleurs de la mer*, LGF, 2002.
62. Kersauson (Olivier de), *Promenades en bord de mer et étonnements heureux*, Le Cherche Midi, 2016.
63. Klein (Bernhard), Mackenthun (Gesa), *Sea Changes : Historicizing the Ocean*, Routledge, 2004.
64. Kolbert (Elizabeth), *The Sixth Extinction : An Unnatural History*, Bloomsbury, 2014.
65. *La Bible*, Société biblique de Genève, 2007.
66. Lançon (Bertrand), Moreau (Tiphaine), *Constantin. Un Auguste chrétien*, Armand Colin, 2012.
67. Las Casas (Emmanuel de), *Le Mémorial de Sainte-Hélène.*
68. *Les Mille et Une Nuits. Sinbad le marin*, traduction de Galland (Antoine), J'ai lu, 2003.
69. *L'Évangile selon Marc*, Cerf, 2004.
70. *Le Coran*, Albouraq, 2000.
71. Le Moing (Guy), *L'Histoire de la marine pour les nuls*, First Éditions, 2016.

72. –, *La Bataille navale de L'Écluse (24 juin 1340)*, Economica, 2013.
73. Levinson (Marc), *The Box. L'empire du container*, Max Milo, 2011.
74. Lindow (John), *Norse Mythology : A Guide to Gods, Heroes, Rituals and Beliefs*, Oxford University Press, 2002.
75. Loizillon (Gabriel-Jean), *Philippe Bunau-Varilla, l'homme du Panama*, lulu.com, 2012.
76. Louchet (André), *Atlas des mers et océans. Conquêtes, tensions, explorations*, Éditions Autrement, 2015 et *Les Océans. Bilan et perspectives*, Armand Colin, 2015.
77. Mack (John), *The Sea : A Cultural History*, Reaktion Books, 2013.
78. Mahan (Alfred Thayer), *The Influence of Sea Power upon History, 1660-1783*, Little, Brown and Co., 1890.
79. Manneville (Philippe) *et alii*, *Les Havrais et la mer. Le port, les transatlantiques, les bains de mer*, PTC, 2004.
80. Mark (Philip), *Resisting Napoleon : The British Response to the Threat of Invasion (1797-1815)*, Ashgate Publishing, 2006.
81. Martroye (François), *Genséric. La conquête vandale en Afrique et la destruction de l'Empire d'Occident*, Kessinger Publishing, 2010.
82. Meinesz (Alexandre), *Comment la vie a commencé*, Belin, 2017.
83. Melville (Herman), *Moby Dick*, Gallimard, 1996.
84. Michel (Francisque), *Les Voyages merveilleux de saint Brendan à la recherche du paradis terrestre. Légende en vers du* X^e^ *siècle, publié d'après le manuscrit du Musée britannique*, A. Claudin, 1878.
85. Mollo (Pierre), Noury (Anne), *Le Manuel du plancton*, C.L. Mayer, 2013.
86. Monaque (Rémi), *Une histoire de la marine de guerre française*, Perrin, 2016.
87. Noirsain (Serge), *La Confédération sudiste (1861-1865). Mythes et réalités*, Economica, 2006.
88. Orsenna (Erik), *Petit précis de mondialisation*, vol. 2, *L'Avenir de l'eau*, Fayard, 2008.
89. Paine (Lincoln), *The Sea and Civilization : A Maritime History of the World*, Vintage, 2015.

90. Parry (J.H.), *The Spanish Seaborne Empire*, Hutchinson, 1973.
91. Petit (Maxime), *Les Sièges célèbres de l'Antiquité, du Moyen Âge et des Temps modernes* (éd. 1881), Hachette-BNF, 2012.
92. Picq (Pascal), *Au commencement était l'Homme. De Toumaï à Cro-Magnon*, Odile Jacob, 2003.
93. Piquet (Caroline), *Histoire du canal de Suez*, Perrin, 2009.
94. Poe (Edgar Allan), *Aventures d'Arthur Gordon Pym*, traduction de Baudelaire (Charles), Lévy Frères, 1868.
95. Pons (Anne), *Lapérouse*, Gallimard, 2010.
96. Pryor (John), Jeffreys (Elizabeth), *The Age of the Dromön : The Byzantine Navy ca 500-1204*, Brill, 2006.
97. Quenet (Philippe), *Les Échanges du nord de la Mésopotamie avec ses voisins proche-orientaux au IIIe millénaire (3100-2300 av. J.-C.)*, Turnhout, 2008.
98. Raban (Jonathan), *The Oxford Book of the Sea*, Oxford University Press, 1992.
99. Raisson (Virginie), *2038, les futurs du monde*, Robert Laffont, 2016.
100. Régnier (Philippe), *Singapour et son environnement régional. Étude d'une cité-État au sein du monde malais*, PUF, 2014.
101. Ross (Jennifer), Steadman (Sharon), *Ancient Complex Societies*, Routledge, 2017.
102. Rouvière (Jean-Marc), *Brèves méditations sur la création du monde*, L'Harmattan, 2006.
103. Royer (Pierre), *Géopolitique des mers et des océans. Qui tient la mer tient le monde*, PUF, 2014.
104. Shakespeare (William), *La Tempête*, Flammarion, 1991.
105. Slive (Seymour), *Dutch Painting, 1600-1800*, Yale University Press, 1995.
106. Sobecki (Sebastian), *The Sea and Englishness in the Middle Ages : Maritime Narratives, Identity & Culture*, Brewer, 2011.
107. Souyri (Pierre-François), *Histoire du Japon médiéval. Le monde à l'envers*, Perrin, 2013.
108. Stavridis (James), *Sea Power : The History and Geopolitics of the World's Oceans*, Penguin Press, 2017.

109. Stevenson (Robert-Louis), *L'Île au trésor*, LGF, 1973.
110. Stow (Dorrik), *Encyclopedia of the Oceans*, Oxford University Press, 2004.
111. Strachey (William), *True Reportory of the Wreck and Redemption of Sir Thomas Gates, Knight, upon and from the Islands of the Bermudas. A Voyage to Virginia in 1609*, Charlottesville, 1965.
112. Sue (Eugène), *Kernok le pirate*, Oskar Editions, 2007.
113. –, *La Salamandre*, C. Gosselin, 1845.
114. Suk (Kyoon Kim), *Maritime Disputes in Northeast Asia : Regional Challenges and Cooperation*, Brill, 2017.
115. Testot (Laurent), Norel (Philippe), *Une histoire du monde global*, Sciences humaines Éditions, 2013.
116. Thomas (Hugh), *La Traite des Noirs. Histoire du commerce d'esclaves transatlantique (1440-1870)*, Robert Laffont, 2006.
117. Traven (B.), *Le Vaisseau des morts*, traduction de Valencia (Michèle), La Découverte, [1926] 2004.
118. Tremml-Werner (Birgit), *Spain, China, and Japan in Manila (1571-1644) : Local Comparisons and Global Connections*, Amsterdam University Press, 2015.
119. Vergé-Franceschi (Michel), *Dictionnaire d'histoire maritime*, Robert Laffont, 2002.
120. Willis (Sam), *The Struggle for Sea Power : A Naval History of American Independence*, Atlantic Books, 2015.

期刊文章

121. Fahad Al-Nasser, « La défense d'Ormuz », *Outre-Terre*, vol. 25-26, 2, 2010, p. 389-392.
122. Maurice Aymard, Jean-Claude Hocquet, « Le sel et la fortune de Venise », *Annales. Économies, Sociétés, Civilisations*, 38e année, 2, 1983, p. 414-417.
123. J. Bidez, P. Jouguet, « L'impérialisme macédonien et l'hellénisation de l'Orient », *Revue belge de philologie et d'histoire*,

tome 7, fasc. 1, 1928, p. 217-219.
124. Jean-Noël Biraben, « Le point sur l'histoire de la population du Japon », *Population*, 48e année, 2, 1993, p. 443-472.
125. L. Bopp, L. Legendre, P. Monfray, « La pompe à carbone va-t-elle se gripper ? », *La Recherche*, 2002, p. 48-50.
126. Dominique Boullier, « Internet est maritime. Les enjeux des câbles sous-marins », *Revue internationale et stratégique*, vol. 95, 3, 2014, p. 149-158.
127. Patrick Boureillc, « L'outil naval français et la sortie de la guerre froide (1985-1994) », *Revue historique des armées*, 2006, p. 46-61.
128. L.W. Brigham, « Thinking about the Arctic's Future : Scenarios for 2040 », *The Futurist*, 41(5), 2007, p. 27-34
129. Georges Coedes, « Les États hindouisés d'Indochine et d'Indonésie », *Revue d'histoire des colonies*, tome 35, 123-124, 1948, p. 308.
130. M.-Y. Daire, « Le sel à l'âge du fer. Réflexions sur la production et les enjeux économiques », *Revue archéologique de l'Ouest*, 16, 1999, p. 195-207.
131. Robert Deschaux, « Merveilleux et fantastique dans le Haut Livre du Graal : *Perlesvaus* », *Cahiers de civilisation médiévale*, 26e année, 104, 1983, p. 335-340.
132. Jean Dufourcq, « La France et la mer. Approche stratégique du rôle de la Marine nationale », *Hérodote*, vol. 163, 4, 2016, p. 167-174.
133. Hugues Eudeline, « Terrorisme maritime et piraterie d'aujourd'hui. Les risques d'une collusion contre-nature », *EchoGéo*, 10, 2009.
134. –, « Le terrorisme maritime, une nouvelle forme de guerre », *Outre-Terre*, 25-26, 2010, p. 83-99.
135. Paul Gille, « Les navires à rames de l'Antiquité, trières grecques et liburnes romaines », *Journal des savants*, 1965, vol. 1, 1, p. 36-72.
136. Jacqueline Goy, « La mer dans l'*Odyssée* », *Gaia : revue interdisciplinaire sur la Grèce archaïque*, 7, 2003, p. 225-231.
137. Léon Gozlan, « De la littérature maritime », *Revue des Deux Mondes*, Période initiale, tome 5, 1832, p. 46-80.
138. Vincent Herbert, Jean-René Vanney, « Le détroit de Malacca :

une entité géographique identifiée par ses caractères naturels », *Outre-Terre*, 25-26, 2010, p. 235-247.
139. P.D. Hughes, J.C. Woodward, « Timing of glaciation in the Mediterranean mountains during the last cold stage », *Journal of Quaternary Science*, vol. 23, 2008, p. 575-588.
140. Isabelle Landry-Deron, « La Chine des Ming et de Matteo Ricci (1552-1610) », *Revue de l'histoire des religions*, 1, 2016, p. 144-146.
141. Frédéric Lasserre, « Vers l'ouverture d'un passage du Nord-Ouest stratégique ? Entre les États-Unis et le Canada », *Outre-Terre*, vol. 25-26, 2, 2010, p. 437-452.
142. Jean Luccioni, « Platon et la mer », *Revue des études anciennes*, tome 61, 1-2, 1959, p. 15-47.
143. Jean Margueron, « Jean-Louis Huot, *Les Sumériens, entre le Tigre et l'Euphrate*, collection des Néréides », *Syria*, tome 71, 3-4, 1994, p. 463-466.
144. Jean-Sébastien Mora, « La mer malade de l'aquaculture », *Manière de voir*, vol. 144, 12, 2015, p. 34.
145. Camille Morel, « Les câbles sous-marins : un bien commun mondial ? », *Études*, 3, 2017, p. 19-28.
146. Amit Moshe, « Le Pirée dans l'histoire d'Athènes à l'époque classique », *Bulletin de l'Association Guillaume Budé : Lettres d'humanité*, 20, 1961, p. 464-474.
147. A.H.J. Prins, « Maritime art in an Islamic context : oculos and therion in Lamu ships », *The Mariner's Mirror*, 56, 1970, p. 327-339.
148. Jean-Luc Racine, « La nouvelle géopolitique indienne de la mer : de l'océan Indien à l'Indo-Pacifique », *Hérodote*, vol. 163, 4, 2016, p. 101-129.
149. Jacques Schwartz, « L'Empire romain, l'Égypte et le commerce oriental », *Annales. Économies, Sociétés, Civilisations*, 15e année, 1, 1960, p. 18-44.
150. L. Shuicheng, L. Olivier, « L'archéologie de l'industrie du sel en Chine », *Antiquités nationales*, 40, 2009, p. 261-278.
151. Marc Tarrats, « Les grandes aires marines protégées des Mar-

quises et des Australes : enjeu géopolitique », *Hérodote*, vol. 163, 4, 2016, p. 193-208.
152. Gail Whiteman, Chris Hope, Peter Wadhams, « Climate science : vast costs of Arctic change », *Nature*, 499, 2013, p. 403-404.

研究报告

153. Centre d'étude stratégique de la marine, US Navy, « Quelle puissance navale au XXIe siècle ? », 2015.
154. Centre d'analyse stratégique, « Rapport Énergie 2050 », 2012.
155. CNUCED, « Étude sur les transports maritimes », 2011.
156. –, « Étude sur les transports maritimes », 2014.
157. –, « Étude sur les transports maritimes », 2015.
158. Conseil économique, social et environnemental, « Les ports et le territoire : à quand le déclic ? », 2013.
159. IUCN, « Explaining ocean warming : Causes, scale, effects and consequences », 2016.
160. Michel Le Scouarnec, « Écologie, développement et mobilité durables (pêche et agriculture) », 2016.
161. Ministère de l'Écologie, du Développement durable et de l'Énergie, « La plaisance en quelques chiffres : du 1er septembre 2015 au 31 août 2016 », 2016.
162. OCDE, « L'économie de la mer en 2030 », 2017.
163. –, « Statistiques de l'OCDE sur les échanges internationaux de services », 2016.
164. Organisation des Nations unies pour l'alimentation et l'agriculture (FAO), « La situation mondiale de la pêche et de l'aquaculture », 2016.
165. Organisation mondiale des douanes, « Commerce illicite », 2013.
166. US Energy Information Administration, « World Energy Out-look 2016 », 2016.
167. WWF, Global Change Institute, Boston Consulting Group,

« Raviver l'économie des océans », 2015.
168. Yann Alix, « Les corridors de transport », 2012.
169. BCE, « The international role of the euro », juillet 2017.

会议

170. ONU, *Nos océans, notre futur*, 5-9 juin 2017, New York.

网站链接

171. http://www.aires-marines.fr
172. « La vie des Babyloniens » : http://antique.mrugala.net/Meso-potamie/Vie%20quotidienne%20a%20Babylone.htm
173. « Esclavage moderne ? Les conditions de vie effroyables des équipages des navires de croisière » : http://www.atlantico.fr/decryptage/conditions-vie-effroyables-equipages-navires-croisiere-453357.html
174. http://www.banquemondiale.org/
175. « 10 great battleship and war-at-sea films » : http://www.bfi.org.uk/news-opinion/news-bfi/lists/10-great-battle-sea-films
176. « Concurrencés par la Chine, les chantiers navals sud-coréens affrontent la crise » : http://www.capital.fr/a-la-une/actualites/concurrences-par-la-chine-les-chantiers-navals-sud-coreens-affrontent-la-crise-1128356
177. « Les enjeux politiques autour des frontières maritimes » : http://ceriscope.sciences-po.fr/content/part2/les-enjeux-politiques-autour-des-frontieres-maritimes?page=2
178. « Eau potable, le dessalement de l'eau de mer » : http://www.cnrs.fr/cw/dossiers/doseau/decouv/potable/dessalEau.html
179. « L'explosion cambrienne » : http://www.cnrs.fr/cw/dossiers/dosevol/decouv/articles/chap2/vannier.html

180. « Découverte de l'existence d'une vie complexe et pluricellulaire datant de plus de deux milliards d'années » : http://www2.cnrs.fr/presse/communique/1928.htm
181. « La tectonique des plaques » : http://www.cnrs.fr/cnrs-images/sciencesdelaterreaulycee/contenu/dyn_int1-1.htm
182. « L'eau sur les autres planètes » : http://www.cnrs.fr/cw/dossiers/doseau/decouv/univers/eauPlan.html
183. « Le Pacifique : un océan stratégique » : http://www.colsbleus.fr/articles/1321
184. https://cousteaudivers.wordpress.com
185. « Opération Atalante » : http://www.defense.gouv.fr/marine/enjeux/l-europe-navale/operation-atalante
186. « Our Oceans, Seas and Coasts » : http://ec.europa.eu/environment/marine/good-environmental-status/descriptor-10/pdf/ MSFD % 20Measures % 20to % 20Combat % 20Marine % 20Litter.pdf
187. « Shark fin soup alters an ecosystem » : http://edition.cnn.com/2008/WORLD/asiapcf/12/10/pip.shark.finning/index.html
188. « Le Parlement interdit la pêche en eaux profondes au-delà de 800 mètres dans l'Atlantique Nord-Est » : http://www.europarl.europa.eu/news/fr/news-room/20161208IPR55152/peche-en-eaux-profondes-limitee-a-800m-de-profondeur-dans-l'atlantique-nord-est
189. « Affaires maritimes et pêche » : https://europa.eu/european-union/topics/maritime-affairs-fisheries_fr
190. « COP 21 : les réfugiés climatiques, éternels "oubliés du droit" ? » : http://www.europe1.fr/societe/les-refugies-climatiques-eternels-oublies-du-droit-2628513
191. « Nouvelles routes de la soie : le projet titanesque de la Chine qui inquiète l'Europe » : http://www.europe1.fr/international/nouvelles-routes-de-la-soie-le-projet-titanesque-de-la-chine-qui-inquiete-leurope-3332300
192. http://www.fao.org/home/fr/
193. http://fisheriestransparency.org/fr/

194. http://www.futura-sciences.com/
195. « Océans : le phytoplancton gravement en péril » : http://www.futura-sciences.com/planete/actualites/oceanographie-oceans-phytoplancton-gravement-peril-24616/
196. « Taxon Lazare » : http://www.futura-sciences.com/planete/definitions/paleontologie-taxon-lazare-8654/
197. « Télécommunication. Un lien planétaire : les câbles sous-marins » : https://www.franceculture.fr/emissions/les-enjeux-internationaux/telecommunications-un-lien-planetaire-les-cables-sous-marins
198. « Commerce international. L'évolution des grandes routes maritimes mondiales » : https://www.franceculture.fr/emissions/les-enjeux-internationaux/commerce-international-levolution-des-grandes-routes-maritimes
199. « L'explosion de la diversité » : http://www2.ggl.ulaval.ca/personnel/bourque/s4/explosion.biodiversite.html
200. « Les Aborigènes d'Australie, premiers à quitter le berceau africain » : http://www.hominides.com/html/actualites/aborigenes-australie-premiers-a-quitter-berceau-africain-0498.php
201. http://www.inrap.fr/
202. « Cycle océanique de l'azote face aux changements climatiques » : http://www.insu.cnrs.fr/node/4418
203. https://www.insee.fr/fr/accueil
204. « Le plancton arctique » : http://www.jeanlouisetienne.com/poleairship/images/encyclo/imprimer/20.htm
205. « Début de reprise pour les 100 premiers ports mondiaux » : http://www.lantenne.com/Debut-de-reprise-pour-les-100-premiers-ports-mondiaux_a36257.html
206. http://www.larousse.fr/dictionnaires/francais
207. « Google et Facebook vont construire un câble sous-marin géant à travers le Pacifique » : http://www.lefigaro.fr/secteur/high-tech/2016/10/14/32001-20161014ARTFIG00197-google-et-facebook-vont-construire-un-cable-sous-marin-geant-a-travers-le-pacifique.php

208. « Les zones mortes se multiplient dans les océans » : http://www.lemonde.fr/planete/article/2016/12/05/les-zones-mortes-se-multiplient-dans-les-oceans_5043712_3244.html
209. « Préserver les stocks de poisson pour renforcer la résilience climatique sur les côtes africaines » : http://lemonde.fr/afrique/article/2016/11/08/preserver-les-stocks-de-poisson-pour-renforcer-la-resilience-climatique-sur-les-cotes-africaines_5027521_3212.html
210. « La ciguatera, maladie des mers chaudes » : http://lemonde.fr/planete/article/2012/08/18/la-ciguatera-maladie-des-mers-chaudes_1747370_3244.html
211. « Nouveau record en voile : Francis Joyon et son équipage bouclent le tour du monde en 40 jours » : http://lemonde.fr/voile/article/2017/01/26/voile-francis-joyon-et-son-equipage-signent-un-record-absolu-du-tour-du-monde-en-40-jours_5069278_1616887.html
212. « Le dessalement, recette miracle au stress hydrique en Israël » : lemonde.fr/planete/article/2015/07/29/en-israel-70-de-l-eau-consommee-vient-de-la-mer_4702964_3244.html
213. « Ces "guerres de l'eau" qui nous menacent » : https://www.lesechos.fr/30/08/2016/LesEchos/22265-031-ECH_ces-guerres-de-l-eau-qui-nous-menacent.htm
214. « Bientôt 250 millions de "réfugiés climatiques" dans le monde ? » : http://www.lexpress.fr/actualite/societe/environnement/bientot-250-millions-de-refugies-climatiques-dans-le-monde_1717951.html
215. https://mission-blue.org
216. http://musee-marine.fr/
217. http://www.nationalgeographic.fr/
218. « Japan's Kamikaze winds, the stuff of legend, may have been real » : http://nationalgeographic.com/news/2014/11/141104-kamikaze-kublai-khan-winds-typhoon-japan-invasion/
219. « This may be the oldest known sign of life on earth » : http://news.nationalgeographic.com/2017/03/oldest-life-earth-iron-fossils-canada-vents-science/
220. « All about sea ice » : https://nsidc.org/cryosphere/seaice/

characteristics/formation.html
221. « Russian ships near data cables are too close for U.S. comfort » : https://www.nytimes.com/2015/10/26/world/europe/russian-presence-near-undersea-cables-concerns-us.html
222. « The global conveyor belt » : http://oceanservice.noaa.gov/education/tutorial_currents/05conveyor2.html
223. http://www.onml.fr
224. « L'observation des océans polaires durant et après l'année polaire internationale » : https://public.wmo.int/fr/ressources/bulletin/l'observation-des-océans-polaires-durant-et-après-l'année-polaire-internationale
225. « The great Greenland meltdown » : http://www.sciencemag.org/news/2017/02/great-greenland-meltdown?utm_cam-paign=news_daily_2017-02-23&et_rid=17045543&et_cid=1182175
226. « Embarquez sur les cargos du futur » : http://sites.arte.tv/futuremag/fr/embarquez-sur-les-cargos-du-futur-futuremag
227. « Poem of the week : *The Rime of the Ancient Mariner* by Samuel Taylor Coleridge » : https://www.theguardian.com/books/booksblog/2009/oct/26/rime-ancient-mariner
228. « California's farmers need water. Is desalination the answer ? » : http://time.com/7357/california-drought-debate-over-desalination/
229. http://un.org/fr/
230. http://unesco.org/
231. http://unhcr.org/fr/
232. « Sous-marins (repères chronologiques) » : http://www.universalis.fr/encyclopedie/sous-marins-reperes-chronologiques/
233. « Reviving the oceans economy : The case for action – 2015 » : https://www.worldwildlife.org/publications/reviving-the-oceans-economy-the-case-for-action-2015
234. https://www.worldwildlife.org/
235. « Seawater » : https://wikipedia.org/wiki/Seawater
236. « Water cycle » : https://wikipedia.org/wiki/Water_cycle
237. « Sea in culture » : https://wikipedia.org/wiki/Sea_in_culture
238. « Undersea Internet Cables Are Surprisingly Vulnerable » :

https://www.wired.com/2015/10/undersea-cable-maps/

影视作品

239. Georges Méliès, *Vingt Mille Lieues sous les mers*, 1907.
240. Jean Grémillon, *Remorques*, 1941.
241. Walter Forde, *Atlantic Ferry*, 1941.
242. Charles Frend, *La Mer cruelle*, 1952.
243. Jacques-Yves Cousteau et Louis Malle, *Le Monde du silence*, 1956.
244. Alfred Hitchcock, *Life Boat*, 1956.
245. Michael Powell, *La Bataille du Rio de la Plata*, 1956.
246. Steven Spielberg, *Les Dents de la mer*, 1987.
247. Luc Besson, *Le Grand Bleu*, 1988.
248. John McTiernan, *À la poursuite d'Octobre Rouge*, 1990.
249. James Cameron, *Titanic*, 1997.
250. Peter Weir, *Master and Commander*, 2003.
251. Jacques Perrin et Jacques Cluzaud, *Océans*, 2010.
252. Paul Greengrass, *Capitaine Phillips*, 2013.
253. Jérôme Salle, *L'Odyssée*, 2016.